ABHANDLUNGEN DER DEUTSCHEN AKADEMIE
DER WISSENSCHAFTEN ZU BERLIN

Klasse für Chemie, Geologie und Biologie
Jahrgang 1956 Nr. 8

Dr. rer. nat. HERBERT SÜSS

Anatomische Untersuchungen über die Lorbeerhölzer aus dem Tertiär des Hasenberges bei Wiesa in Sachsen

(Aus dem Botanischen Institut Potsdam-Sanssouci,
Direktor: Prof. Dr. W. Müller-Stoll)

Mit Tafel 1 bis 9 und 2 Textabbildungen

AKADEMIE-VERLAG · BERLIN
1958

Vorgelegt von Hrn. Noack in der Gesamtsitzung vom 13. Dezember 1956
Zum Druck genehmigt am gleichen Tage, ausgegeben am 30. 3. 1958

Erschienen im Akademie-Verlag GmbH, Berlin W 8, Mohrenstraße 39
Lizenz-Nr. 202 · 100/501/58
Satz und Druck: Druckhaus „Maxim Gorki", Altenburg
Bestell- und Verlagsnummer: 2001/56/II/8
Preis: DM 11,50
Printed in Germany

INHALTSVERZEICHNIS

I. *Einleitung* 4

Allgemeiner Teil

II. *Merkmalsausbildung und diagnostischer Wert der Merkmale bei Lorbeerhölzern* 6
1. Struktur-Typen 6
2. Gefäßmerkmale 7
a) Gefäßdichte 7
b) Radialer Durchmesser der einzelstehenden Gefäße 8
c) Reihenbildung und Form der Gefäße 9
d) Wanddicke der Gefäße 9
e) Länge der Gefäßglieder 10
f) Art der Gefäßdurchbrechung 10
g) Merkmale der Hoftüpfel 10
3. Markstrahlmerkmale 10
a) Anzahl der Markstrahlen je mm 10
b) Breite der Markstrahlen 10
c) Höhe der Markstrahlen 12
d) Länge, Breite und Höhe der liegenden Markstrahlzellen 13
e) Länge, Breite und Höhe der Markstrahl-Kantenzellen 14
f) Wanddicke der Markstrahlzellen 15
4. Sonstige Merkmale 15
a) Merkmale der Ölidioblasten 15
b) Merkmale des Parenchyms 15
c) Merkmale des Libriforms 15
5. Ergebnisse 16

III. *Zur Anatomie des Wurzelholzes fossiler Lauraceen* 18
1. Allgemeines 18
2. Besonderheiten der Wurzelstruktur bei den Hasenberg-Funden 19
3. Ergebnisse 22

Spezieller Teil

IV. *Beschreibung der Lorbeerhölzer vom Hasenberg bei Wiesa* 23
1. Bestimmung der Familienzugehörigkeit 23
2. Beschreibung der einzelnen Formen 24
Laurinoxylon hasenbergense sp. nov. 24
Laurinoxylon bergeri sp. nov. 29
Laurinoxylon endiandroides sp. nov. 31
Laurinoxylon litseoides sp. nov. 33
Laurinoxylon microtracheale sp. nov. 35
3. Ergebnisse 37

V. *Kritische Übersicht über die bisher als Lorbeerhölzer beschriebenen fossilen Reste* 38
1. Liste der fossilen Arten 38
2. Bewertung der bisherigen Beschreibungen 42
3. Ergebnisse 51

Zusammenfassung 52
Literaturverzeichnis 53
Tafeln 1 bis 9 57

I. Einleitung

Der Ton des Hasenberges bei Wiesa in der Nähe von Kamenz/Sa. ist bekannt als eine der reichsten Fundstellen tertiärer Frucht- und Samenreste. Während vor allem die zahlreichen fossilen Früchte und auch Blätter von KIRCHHEIMER (1940) bearbeitet und zum Oligozän gehörig angesehen wurden[1]), schenkte man den lignitisch erhaltenen Holzresten vorerst weniger Beachtung (Beschreibung der Fundschicht bei KIRCHHEIMER 1940). Kamenzer Natur- und Heimatfreunde, vor allem Herr Dr. BERGER und Herr GLÄSER, suchten später aus den sehr zahlreich vorkommenden Nadelhölzern die für eine Untersuchung besonders wichtigen Laubhölzer heraus und schickten sie mit der Bitte um Bearbeitung an Herrn Prof. Dr. MÜLLER-STOLL. An dem für Laubholzfunde besonders reichlichen Material konnten Untersuchungen in mehreren Richtungen angestellt werden, die einmal weitere Einzelheiten über die damalige Vegetation und zum anderen holzanatomische Ergebnisse von allgemeinem Interesse erbrachten. Für die mir zur Bearbeitung überlassenen Holzreste und für die fachliche Unterstützung bin ich Herrn Prof. Dr. MÜLLER-STOLL zu besonderem Dank verpflichtet. Ebenfalls möchte ich Herrn Dr. BERGER[2]) und Herrn GLÄSER, beide in Kamenz/Sa., für ihre Sammeltätigkeit (vgl. BERGER 1955) und für die bereitwillige Auskunft und Unterstützung, die sie mir zuteil werden ließen, danken.

Insgesamt lagen 53 Laubholzlignite vor, die, in einer Alkohol-Phenol-Lösung (KRÄUSEL 1950, S. 75) erweicht, mit dem Rasiermesser geschnitten werden konnten. Von einigen Holzproben wurden Übersichtsschnitte mit dem Holzmikrotom angefertigt. Bei der großen Zahl von Ligniten hätte man ohne weiteres erwarten können, daß Hölzer aus verschiedenen Familien vorhanden sind, zumal die Früchtefunde von der gleichen Stelle den verschiedensten Familien angehören. Dies traf jedoch nicht zu, denn sämtliche Holzstücke stammen nur von Lorbeergehölzen (Lauraceen). Das darf nicht verwundern, da die Lorbeerhölzer durch ihre starke Thyllenbildung und einen hohen Gehalt an stark toxisch wirkenden Sesquiterpenen den Vorzug besonderer Dauerhaftigkeit besitzen (H. MÜLLER-STOLL 1947). Von den untersuchten Laubholzresten gehörten allein 47, also rund 90%, nach dem anatomischen Bild einer einzigen Form an. Dadurch war die Möglichkeit gegeben, ein fossiles Laubholz in seiner ganzen Variationsbreite zu erfassen. Im ersten Teil der vorliegenden Arbeit wird deshalb die Merkmalsausbildung und ihr diagnostischer Wert einer genaueren Untersuchung unterzogen. Das reichliche Vorkommen von Wurzelholzstücken erlaubte ferner, Erörterungen über den Bau fossiler Lauraceen-Wurzeln anzuschließen. Der dritte Teil bringt die Beschreibung der einzelnen fossilen Holzformen, und in einem vierten Teil werden die bis jetzt vorliegenden Beschreibungen fossiler Lauraceen einer Sichtung unterzogen. Die Mikrophotographien wurden mit dem Superphot der Rathenower Optischen Werke auf hochorthochromatischen Agfa-Mikroplatten angefertigt.

In der Tongrube des Hasenberges bei Wiesa wurden neben den Holz- und Fruchtresten auch Blattfossilien von guter struktureller Erhaltung gefunden. KIRCHHEIMER (1942) hat sich mit ihnen eingehend beschäftigt und vorzügliche Abbildungen davon gegeben. Ein Großteil der Blattreste wird dabei mit der heutigen Gattung *Symplocos* („Symplocos-Typ") verglichen und auf entsprechende, am gleichen Ort vorkommende Fruchtfunde

---

[1]) Das geologische Alter der Fundschicht ist noch strittig. Während KIRCHHEIMER im Gegensatz zu alten Auffassungen über das Alter der Lausitzer Braunkohle die Ansicht vertritt, daß es sich um Mittel- bis Oberoligozän handelt, wird von geologischer Seite die Zugehörigkeit zum Untermiozän verteidigt (vgl. GOTHAN 1954; QUITZOW 1953).

[2]) Dr. med. K. BERGER, der sich in langjähriger, ehrenamtlicher Tätigkeit als Heimatforscher um die paläontologische Erschließung der Fundstellen am Hasenberg bei Wiesa große Verdienste erworben hat, verstarb am 1. 12. 1956 kurz nach Vollendung seines 80. Lebensjahres.

bezogen. Schon WEYLAND (1943, S. 96) hat festgestellt, daß es sich dabei um nichts anderes als um Blätter von Lorbeergewächsen handelt (*Laurus princeps* HEER). Diese Blattreste wurden später von KRÄUSEL u. WEYLAND (1950, S. 58) einer genauen kutikular-mikroskopischen Analyse unterzogen. Dabei hat sich die Zugehörigkeit dieser fiedernervigen Blattformen zu den Lauraceen bestätigt; es wurde ihnen der Name *Laurophyllum princeps* (HEER) KR. et WEYL. beigelegt, da sich die Merkmale der Fossilien nicht auf die Gattung *Laurus* beschränken, sondern auch bei einigen anderen Lauraceen-Gattungen vorkommen.

Vom gleichen Fundort haben KRÄUSEL u. WEYLAND (1950, S. 71) noch eine zweite zu den Lauraceen gehörige Blattform untersucht und „*Cinnamomophyllum* spec. von Wiesa" genannt. Früher hat sie schon KIRCHHEIMER als „Litsea-Typ" beschrieben. Es handelt sich hier um eine Form mit cinnamomoidem Blattbau, die durch zwei starke vom Blattgrund abgehende Seitennerven ausgezeichnet ist. Man war früher der Meinung, daß solche Reste ausschließlich auf die Gattung *Cinnamomum* selbst zu beziehen seien, doch finden sich cinnamomoide Blätter gelegentlich auch bei einigen anderen Lauraceen-Gattungen, ja sogar auch außerhalb der Lauraceen. Aus diesem Grund haben KRÄUSEL u. WEYLAND die Bezeichnung *Cinnamomophyllum* vorgeschlagen.

Was hier besonders interessiert, ist die Tatsache, daß unter den Blattfunden vom Hasenberg zu den Lorbeergehölzen gehörige Fossilien einen dominierenden Mengenanteil bilden. KRÄUSEL u. WEYLAND haben von 208 Einzelstücken 129 dieser Familie zugewiesen. *Laurophyllum princeps* war darunter mit 120 Exemplaren, die zweite, cinnamomoide Blattform nur mit 9 Exemplaren vertreten. Das vorherrschende Vorkommen von Lorbeerblättern im Ton des Hasenberges korrespondiert mit dem in der vorliegenden Arbeit untersuchten Massenvorkommen von Lorbeerhölzern am gleichen Fundort; es sind dies die einzigen dicotylen Hölzer, die hier bisher neben den häufigen Koniferen-Hölzern gefunden wurden. Unter diesen Lorbeerhölzern ist wiederum der überwiegende Teil zu einer Form zu stellen. Die restlichen Stücke gehören vier weiteren Formen an. Es soll aus dem ähnlichen Mengenverhältnis keineswegs auf eine Zusammengehörigkeit der einzelnen anatomisch abgrenzbaren Holzarten mit den entsprechenden Blattformen geschlossen werden, doch sei hier immerhin auf diesen Umstand aufmerksam gemacht.

ALLGEMEINER TEIL[1])

II. Merkmalsausbildung und diagnostischer Wert der Merkmale bei Lorbeerhölzern

1. Struktur-Typen

Bei den Untersuchungen wurden oft im gleichen Holzstück zwei Ausbildungstypen festgestellt, die durch den extremen Unterschied in der Anzahl der Gefäße mit Sicherheit als zwei verschiedene Formen behandelt worden wären, wenn man sie in zwei getrennten Holzstücken aufgefunden hätte. Es zeigte sich, daß diese zwei Struktur-Typen eine strenge Abhängigkeit von der Breite der Zuwachszonen aufweisen. Holzzonen mit breiten Jahresringen haben weniger Gefäße je mm² als solche mit schmalen Jahresringen.

Die ersten wurden deshalb als die Pauciporosa-Strukturen, die zweiten als die Multiporosa-Strukturen bezeichnet, wobei die Trennung zwischen diesen beiden Struktur-Typen bei 0,5 mm Jahrringbreite gemacht wurde. Diese zwei Strukturen grenzen in einigen Fällen ohne jeden Übergang aneinander. Der letzte Jahresring mit Pauciporosa-Struktur zeigt oft einen vollkommen normalen Zuwachs, und schon mit der nächsten Zuwachszone beginnt die Multiporosa-Struktur mit ihren extrem schmalen Jahresringen und der oft um das Doppelte gesteigerten Anzahl der Gefäße je mm² (Tab. 1; Taf. 4, Abb. 3).

Es scheint eine besondere Eigenschaft des Wurzelholzes zu sein, diese beiden Strukturen in auffälliger Weise nebeneinander auszubilden, da fast alle Holzreste, die diese Erscheinung zeigten, mit Sicherheit als Wurzelholz erkannt wurden. Da die Wasserleitung eine der Hauptfunktionen der Wurzel ist, wird das häufige Vorkommen der Multiporosa-Struktur, mit starker Bevorzugung der wasserleitenden Elemente, ohne weiteres verständlich. Holz von Multiporosa-Struktur kann man also dem typischen Wurzelholz gleichsetzen, ohne daß damit über die Zugehörigkeit zur Wurzel sicher entschieden werden kann, denn auch im Stammholz bilden sich unter Bedingungen, bei denen sehr wenig Zuwachs angelegt wird, oft Holzzonen, die den Multiporosa-Strukturen des Wurzelholzes nahe kommen. Diese Beobachtung, die übrigens schon MOHL (1862) machte, konnte ich bei der Durchsicht von Holzpräparaten bestätigt finden.

Holz von Pauciporosa-Struktur bildet dagegen bevorzugt mechanisches Gewebe aus und ist mit typischem Stammholz vergleichbar. In einigen Wurzelresten konnte man Pauciporosa-Strukturen nachweisen, die durch die Art der Ausbildung von mechanischem Gewebe etwa mit Rotholzbildung des Astholzes zu vergleichen wäre. Hier traten dann neben den wasserleitenden Elementen oft auch die parenchymatischen Gewebeelemente stark zurück.

Die beiden Struktur-Typen unterscheiden sich außer in der Jahresringbreite und Gefäßdichte unter anderem noch in der Gefäßweite und Größe der Markstrahlparenchymzellen (siehe unten); für den Vergleich und die gegenseitige Abgrenzung fossiler Lorbeerhölzer ist die Kenntnis dieser beiden Struktur-Typen deshalb von außerordentlicher Wichtigkeit.

---

[1]) Die folgenden Erörterungen beziehen sich, wenn nicht anders angegeben, auf die Merkmale von *Laurinoxylon hasenbergense* sp. nov.

2. *Gefäßmerkmale*

a) Gefäßdichte

Das Merkmal der Gefäßdichte ist sehr schwankend und, wie schon oben erwähnt, eng mit der Ausbildung der Jahresringe verknüpft. Bei Handstück Wiesa 3 beträgt z. B. die Zuwachsbreite der Pauciporosa-Struktur mit einer Gefäßdichte von 15 je mm² rund 1 mm. Bei Multiporosa-Struktur ist die Zuwachsbreite auf durchschnittlich 0,2 mm verringert mit einer Gefäßdichte von rund 30 je mm². Taf. 4, Abb. 3 zeigt einen plötzlichen Übergang von einem Struktur-Typ zum anderen. Noch größere Unterschiede kann man an Handstück Wiesa 12 feststellen. Hier weist die Pauciporosa-Struktur ebenfalls eine durchschnittliche Jahresringbreite von 1 mm mit 20 Gefäßen je mm² auf, die Multiporosa-Struktur dagegen eine Jahresringbreite von rund 0,25 mm mit 45 Gefäßen je mm². Bei dieser Probe, die durch das Vorhandensein des primären Xylems einwandfrei als Wurzelholz erkannt wurde, sind die Übergänge mehr oder weniger fließend. An dem ebenfalls ein Wurzelholz darstellenden großen Holzstück Wiesa 1 (Textabb. 2a, f) bestehen ähnliche Verhältnisse. Im Bereich der Multiporosa-Struktur beträgt die Zuwachsbreite 0,4 mm mit 25 Gefäßen je mm², bei Pauciporosa-Struktur dagegen über 1 mm mit nur 12—13 Gefäßen je mm². Handstück Wiesa 51 (*Laurinoxylon bergeri* sp. nov.) hat bei einer Jahresringbreite von über 2 mm nur 8—9 Gefäße je mm² und bei rund 0,2 mm Jahresringbreite 20—22 Gefäße je mm².

Wenn man die verschiedenen Messungen miteinander vergleicht, erkennt man eine strenge Abhängigkeit der Anzahl der Gefäße je mm² von der Breite der Zuwachszone. In der folgenden Tabelle 1 sind die Jahresringbreiten von verschiedenen Handstücken bei *Laurinoxylon hasenbergense* sp. nov. der Anzahl der Gefäße je mm² (Gefäßdichte) gegenübergestellt. Aus der Tabelle geht außerdem hervor, daß innerhalb eines Struktur-Types die Gefäßdichte beträchtliche Schwankungen zeigt.

Tabelle 1

Abhängigkeit der Gefäßdichte von der Jahresringbreite bei *Laurinoxylon hasenbergense* sp. nov.

Struktur-Typus	Jahresringbreite in mm	Anzahl der Gefäße je mm² (Messungen an verschiedenen Holzstücken)
Multiporosa	0,2—0,4	30, 30, 32, 35, 45
Pauciporosa	0,5—0,9	19, 21, 22, 22, 24
	1,0—2,0	15, 20, 20
	über 2	8, 13

Für die Diagnostik hat hier das Merkmal „Anzahl der Gefäße je mm²" nur wenig Bedeutung, da zwischen 8 bis 45 Gefäßen je mm² alle Übergänge vorhanden sind. Höchstens in Verbindung mit der Jahresringbreite kann man es mit größter Vorsicht vergleichend gebrauchen. Nach diesen Untersuchungsergebnissen ist es nicht mehr zulässig, es gar als formabgrenzendes Merkmal zu verwenden, wie es bisher von einigen Autoren (z. B. Berger 1950 zur Unterscheidung zwischen *Laurinoxylon hofmannae* und *L. tauberi*) getan wurde.

b) Radialer Durchmesser der einzelstehenden Gefäße

Dieses Merkmal kann ebenfalls, wie die Anzahl der Gefäße je mm², starken Schwankungen unterliegen. Die Variabilität des Merkmals steht wiederum eng mit der Zuwachsbreite der Jahresringe in Zusammenhang. Bei Pauciporosa-Struktur sind in der Regel im Durchschnitt engere Gefäße vorhanden als bei Multiporosa-Struktur. Jedoch liegen hier die Durchschnittswerte innerhalb eines Struktur-Types enger beieinander als bei der Anzahl der Gefäße je mm².

Das Holzstück Wiesa 3, welches die zwei Ausbildungstypen zeigt (Taf. 4, Abb. 3), hat bei Pauciporosa-Struktur einzelstehende Gefäße mit einem durchschnittlichen radialen Durchmesser von 100 μ, bei Multiporosa-Struktur dagegen durchschnittlich 115 μ. Handstück Wiesa 1 zeigt noch größere Unterschiede; bei Pauciporosa-Struktur haben die Gefäße im Durchschnitt 90 μ im Durchmesser, bei Multiporosa-Struktur 135 μ (Taf. 2, Abb. 1, 4). Eine Stelle dieses Handstückes, zwar etwas verwachsen, besaß bei Pauciporosa-Struktur einen Gefäßdurchmesser von nur 85 μ im Durchschnitt. Bei Handstück Wiesa 16 konnten ebenfalls größere Schwankungen beobachtet werden. Hier war nur Pauciporosa-Struktur ausgebildet mit einer radialen Gefäßweite von durchschnittlich 100 μ im normal gewachsenen Holz, im verwachsenen Holz 84 μ. Ebenso verhält sich das 25 cm lange Wurzelholzstück Wiesa 50 (*Laurinoxylon bergeri* sp. nov.), welches an einem Ende einen radialen Gefäßdurchmesser der einzelstehenden Gefäße von meist 110 μ aufwies, während am anderen, leicht verwachsenen Ende Gefäßweiten von durchschnittlich 80 μ angetroffen wurden. Unterschiede in den Mittelwerten bei Pauciporosa-Struktur bis zu 30 μ können also ohne weiteres beim gleichen Holz auftreten. Dadurch, daß bei Multiporosa-Struktur nicht nur mehr, sondern im Durchschnitt auch weitere Gefäße ausgebildet werden, wird der typisch „schwammige" Eindruck verstärkt. Solchen porösen Aufbau schreibt man den Wurzelhölzern als allgemeines Merkmal zu. In Tabelle 2 sind die entsprechenden Werte für *Laurinoxylon hasenbergebse* sp. nov. nach ihren Jahresringbreiten zusammengestellt; die Abhängigkeit der Gefäßweite von der Jahresringbreite wird dabei deutlich. Man sieht, daß in den Holzzonen von 0,2—0,4 mm Zuwachs keine Gefäßweiten von durchschnittlich 100 μ und darunter vorkommen und andererseits bei Jahresringbreiten von 0,5—2 mm die Gefäßweite nicht über 100 μ im Durchschnitt hinausgeht.

Tabelle 2

Die Abhängigkeit der durchschnittlichen Gefäßweite von der Jahresringbreite bei *Laurinoxylon hasenbergense* sp. nov.

Jahresringbreite in mm	Mittlere Gefäßweite in μ
0,2—0,4	105—140
0,5 bis über 2	70—100

Das Merkmal „radialer Durchmesser der einzelstehenden Gefäße" hat für die Diagnostik nach dem oben Dargelegten in Verbindung mit der Zuwachsbreite sehr großen Wert. Werden in verschiedenen Holzstücken größere Unterschiede in ein und demselben Struktur-Typ festgestellt, kann man ohne weiteres eine andere Art vermuten. Auch RECORD u. HESS (1942) messen der durchschnittlichen Gefäßweite bei der Artabgrenzung rezenter Lauraceen Bedeutung bei. Bei geringeren Unterschieden sollte man sich jedoch nicht allein auf dieses Merkmal stützen, sondern eine Formabgrenzung nur dann vornehmen, wenn noch andere, für die Formabgrenzung wichtige, abweichende Merkmale vorhanden sind.

c) Reihenbildung und Form der Gefäße

Ein grundsätzlicher Unterschied besteht zwischen den beiden Struktur-Typen in der Form der Gefäße und in der Art der Reihenbildung nicht. Bei Pauciporosa-Struktur neigen die Gefäße zwar mehr zur radialen Reihenbildung (Porenstrahl nach GREGUSS 1945, S. 9) als bei Multiporosa-Struktur, jedoch ist dies allein schon daraus zu erklären, daß bei letzterer durch die sehr engen Jahresringe oft nur ein oder höchstens zwei Gefäße pro Jahresring in radialer Richtung ausgebildet werden; eine Reihenbildung ist dadurch behindert, jedoch kommen auch bei Multiporosa-Struktur mehrgliedrige Gefäßreihen vor, die dann über mehrere Jahresringe hinweggehen (Taf. 2, Abb. 2).

Gruppenbildung der Gefäße wurde am vorliegenden Material nur als Ausnahme festgestellt.

Der überwiegende Teil der einzelstehenden Gefäße ist bei *Laurinoxylon hasenbergense* sp. nov. von radial gestreckter, ovaler Querschnittsform. Dies ist aus dem Gefäßquotienten[1]), der hier 1,00 – 1,17 beträgt, ersichtlich.

Drei Lignite (Wiesa 50, 51 und 53) hatten bedeutend auffallendere, radial gestreckte, ovale Gefäßquerschnitte. Der Gefäßquotient betrug hier bei Pauciporosa-Struktur über 1,3, bei Multiporosa-Struktur über 1,2. Da diese drei Hölzer in anderen Merkmalen ebenfalls Abweichungen zeigten, wurden sie als besondere Formen abgegrenzt (*Laurinoxylon bergeri* sp. nov., *L. litseoides* sp. nov.). Mit Sicherheit kann natürlich im Rahmen dieser Arbeit nicht festgestellt werden, ob diese Eigenschaft variationsbedingt oder artspezifisch ist, zumal in der Literatur darüber bis jetzt noch nichts vorliegt.

Vergleicht man die zahlreichen Fundstücke von *Laurinoxylon hasenbergense* sp. nov. miteinander, stellt man fest, daß überwiegend einzelne Gefäße vorhanden sind, reichlich Gefäße in radialen Reihen zu zweien und seltener radiale Gefäßreihen von drei und mehr Gefäßen. Ganz vereinzelt treten jedoch auch radiale Reihen von über sechs Gefäßen auf.

Eine früher beschriebene *Laurinoxylon*-Art, *L. nectandroides* KRÄUSEL et SCHÖNFELD, bildet nur Einzelgefäße und zweigliedrige Gefäßreihen aus. E. SCHÖNFELD (1956) fand bei *Cinnamomum camphora* (L.) NEES et EBERM. Unterschiede in der Ausbildung der Porenstrahlen zwischen den ersten und den im späteren Alter gebildeten Zuwachszonen und nimmt an, daß wenigstens zum Teil das Alter des Baumes hier eine Rolle spielt. Die festgestellten Unterschiede bewegen sich aber ebenfalls in den bei *Laurinoxylon hasenbergense* sp. nov. beobachteten Grenzen. Man kann also annehmen, daß die Art der Reihenbildung weitgehend artspezifisch und für die Formabgrenzung von Wert ist. Bei Holzresten, die Verschiedenheiten in der radialen Reihenbildung, Gruppenbildung oder Form der Gefäße zeigen, ist man berechtigt, auf verschiedene Holzarten zu schließen.

d) Wanddicke der Gefäße

Sämtliche gefundenen Holzstücke weisen in diesem Merkmal kaum Unterschiede auf, es ist jedoch ohne weiteres möglich, daß in dieser Hinsicht abweichende Hölzer eine andere Art darstellen. Bei der Feststellung dieses Merkmales ist Vorsicht geboten, da man leicht die den Gefäßwänden anliegenden Thyllenwände mit messen kann. Ebenfalls können durch die Art der Fossilisierung Zellwandquellungen auftreten (vgl. W. MÜLLER-STOLL 1951). Allein an Hand des vorliegenden Materials kann man nicht feststellen, welchen Wert dieses Merkmal für die Diagnostik besitzt. Da jedoch ein enger Variationsbereich vorhanden ist, kann man bei größeren Abweichungen ohne weiteres eine andere Art vermuten.

---

[1]) Gefäßquotient $= \frac{\text{radiale Gefäßweite}}{\text{tangentiale Gefäßweite}}$

e) Länge der Gefäßglieder

Dieses Merkmal besitzt vermutlich für die in Rede stehenden Formen und vielleicht in den meisten Fällen für fossile Hölzer allgemein keinen diagnostischen Wert. Die Mittelwerte lagen oft erheblich auseinander, zumal es meist nicht möglich war, eine größere Anzahl von Messungen durchzuführen. Die reichliche Thyllenbildung erschwerte das Erkennen der Querwände und machte eine Messung oftmals unmöglich. Eine Abhängigkeit von der Ausbildung der beiden Strukturtypen konnte nicht festgestellt werden.

f) Art der Gefäßdurchbrechung

Bei diesem Merkmal bestehen bei Lauraceen nur zwei Möglichkeiten, entweder nur lochförmige Durchbrechungen oder loch- und leiterförmige nebeneinander; KNOBLAUCH (1888) gibt in einem Fall (*Hufelandia pendula* [SW.] NEES) auch ausschließlich leiterförmige Durchbrechungen an. Weisen Hölzer in dieser Hinsicht Verschiedenheiten auf, kann man sie als verschiedene Formen ansprechen, da die Art der Gefäßdurchbrechung offenbar spezifischen Charakter besitzt.

g) Merkmale der Hoftüpfel

Bei den zu *Laurinoxylon hasenbergense* sp. nov. gehörenden Fundstücken Wiesa 1 und Wiesa 12 (Taf. 5, Abb. 1 und 2) konnten in Form und Größe der Hoftüpfel auffällige Unterschiede festgestellt werden. Da die Hoftüpfel aber nur in wenigen Hölzern einwandfrei zu erkennen waren, kann man über einen eventuellen diagnostischen Wert nichts aussagen. Diese Merkmale werden deshalb hier nicht weiter berücksichtigt.

3. *Markstrahlmerkmale*

a) Anzahl der Markstrahlen je mm

Dieses Merkmal erwies sich in vorliegendem Fall als von geringem diagnostischen Wert. Holzproben, die sonst in allen Merkmalen übereinstimmten, zeigten in dieser Beziehung oft die größten Unterschiede. In den zu *Laurinoxylon hasenbergense* sp. nov. gehörenden Resten wurden Mittelwerte von 6—11 Markstrahlen je mm gefunden. Im Holzstück Wiesa 50 (*Laurinoxylon bergeri* sp. nov.) waren Holzzonen mit 7 und solche mit 11 Markstrahlen je mm vorhanden. Ebenso zeigte das Holz Wiesa 17 (Wurzelholz) an einem Ende 8, am anderen Ende 10—11 Markstrahlen je mm. Eine Abhängigkeit von der Breite des Jahresringes ist nicht vorhanden.

b) Breite der Markstrahlen

Die Breite der Markstrahlen in μ zeigt wieder Beziehungen zu den Jahresringbreiten. Die engeren Jahresringe bilden in der Regel breitere Markstrahlen aus als die breiten Zuwachszonen. Wenn man die Werte der normal gewachsenen Holzstücke von *Laurinoxylon hasenbergense* sp. nov. vergleicht, erkennt man sehr deutlich die Abhängigkeit (Tab. 3).

Tabelle 3

Abhängigkeit der mittleren Breite der Markstrahlen des normal gewachsenen Holzes von der Jahresringbreite bei *Laurinoxylon hasenbergense* sp. nov.

Jahresringbreite in mm	Mittlere Breite der Markstrahlen in μ
0,2—0,4	26—40
über 0,5	24—30

Es sei aber betont, daß dies nur an den schon äußerlich als normal gewachsenes Holz erkennbaren Stücken der Fall war. In der Ausbildung der Markstrahlen kann ein und dasselbe Holzstück stark variieren. Das Stück Wiese 2 (Textabb. 2d), ein stark verwachsenes Wurzelholz, zeigte an einem Ende deutlich normal gewachsenes Holz; durch innere Spannungen war dies teilweise vom übrigen Holzkörper abgesprengt. Die Schnitte aus dieser Zone zeigten alle die für *Laurinoxylon hasenbergense* sp. nov. typischen Merkmale bei Pauciporosa-Struktur. Bei der Durchsicht der Querschnitte aus der verwachsenen Zone wurde ebenfalls Pauciporosa-Struktur festgestellt; jedoch zeigte der Tangentialschnitt ein völlig anderes, überraschendes Bild. Die Markstrahlen waren im Durchschnitt um das Doppelte höher, und ihre Breite, die bei normal gewachsenem Holz 27 μ im Durchschnitt beträgt, war hier 40 μ im Mittel (Taf. 3, Abb. 3). Das Gegenteil findet man bei dem Holz Wiesa 50 (*Laurinoxylon bergeri* sp. nov.). Zwei Holzzonen mit der gleichen Jahresringbreite von rund 1 mm weisen sehr verschiedene Markstrahlausbildung auf. An dem einen Ende des Holzstückes sind die Markstrahlen 26 μ im Mittel breit, am anderen, leicht verwachsenen Ende nur 17 μ (Taf. 7, Abb. 6, 7).

Die Handstücke Wiesa 5 und Wiesa 9 zeigten ebenfalls Unterschiede in der Markstrahlbreite von ca. 12 μ, obwohl sie in den meisten anderen Merkmalen so genau übereinstimmen, daß sie zu einer Art gerechnet werden müssen. Auch ihr äußeres Bild läßt vermuten, daß diese zwei Wurzelstücke ehemals zusammengehörten und erst nachträglich in zwei Stücke zerbrochen sind. Wenn man sämtliche Messungen an den Stücken von *Laurinoxylon hasenbergense* sp. nov., auch die aus verwachsenen Holzzonen, zusammenstellt, erhält man für die Pauciporosa-Struktur eine Variationsbreite von 20 bis 40 μ und für die Multiporosa-Struktur 26—40 μ für die Markstrahlbreite. Die verwachsenen Holzzonen mit Pauciporosa-Struktur bilden jedoch meist schmalere und auch niedrigere Markstrahlen aus. Nur Handstück Wiesa 2 machte hiervon die oben erwähnte Ausnahme. Wie die Untersuchungen ergaben, ist die Variationsbreite des Merkmales „Breite der Markstrahlen" sehr groß. Sein diagnostischer Wert ist deshalb sehr in Frage gestellt, was bereits STERN (1954) für rezente Lauraceen-Hölzer zum Ausdruck brachte.

An den Fundstücken von *Laurinoxylon hasenbergense* sp. nov. konnte der Variationsbereich der Anzahl der Zellreihen in den Markstrahlen an einer großen Anzahl von Beispielen untersucht werden. Es wurde festgestellt, daß 1- bis 3-, meist 2reihige, selten 4reihige Markstrahlen vorkommen. Dabei überwiegen bald die einreihigen gegenüber den dreireihigen Markstrahlen und umgekehrt. In jedem Falle wird aber die Mehrzahl der Markstrahlen von zweireihigen gebildet. Eine klare Abhängigkeit von der Breite der Zuwachszonen konnte nicht festgestellt werden. Dies ist damit zu erklären, daß die Markstrahlbreite (μ) nicht nur von der Anzahl der Zellen abhängig ist, sondern auch von der Breite der einzelnen Zelle. Im allgemeinen kann jedoch gesagt werden, daß bei breiteren Markstrahlen die einreihigen gegenüber den dreireihigen zurücktreten, bei schmaleren umgekehrt. Auch innerhalb eines Stückes war dieses Merkmal oft sehr schwankend. So konnten im Fundstück Wiese 2 im normal gewachsenen Holz an einer Stelle mehr einreihige als dreireihige, an einer anderen Stelle dagegen mehr dreireihige als einreihige Markstrahlen festgestellt werden. In beiden Fällen überwogen aber immer die zweireihigen Markstrahlen. Im verwachsenen Holz der gleichen Probe waren die dreireihigen Markstrahlen gegenüber ein- und zweireihigen in der Mehrzahl, auch vierreihige waren keine Seltenheit.

Im Handstück Wiesa 17 fanden sich zwei Holzzonen mit Pauciporosa-Struktur, die in der Markstrahlbreite sehr stark variierten. Die Textabb. 1 zeigt, daß in der einen Holzzone die einreihigen überwiegen und die dreireihigen nur mit 13% vertreten sind, in der zweiten Holzzone dagegen die dreireihigen Markstrahlen den Hauptanteil stellen.

Die beiden Handstücke Wiesa 5 und Wiesa 9, die als zusammengehörig erkannt wurden, zeigten in der Markstrahlbreite in μ beträchtliche Unterschiede; in der prozentualen Verteilung der ein- bis vierreihigen Markstrahlen bestand jedoch fast völlige Übereinstimmung. Bei dem Stück Wiesa 9 vollzog sich die Verbreiterung der Markstrahlen fast ausschließlich durch Verbreiterung der Einzelzellen (siehe auch die Feststellung von E. SCHÖNFELD [1956] an Markstrahlen von *Cryptocarya peumus* NEES). Somit ergibt sich, daß dieses Merkmal für die Diagnose nur geringen Wert hat; als artabgrenzendes Merkmal sollte man es nach Möglichkeit nicht verwenden. Vor allem bei Wurzelhölzern ist mit einer sehr großen Variabilität zu rechnen (siehe auch die Holzbeschreibung von *Laurinoxylon microtracheale* sp. nov., Seite 35). E. SCHÖNFELD (1956) kommt durch seine Untersuchungen an fossilem und rezentem Material ebenfalls zu der Feststellung, daß die Breite der Markstrahlen (μ) kaum diagnostischen Wert besitzt.

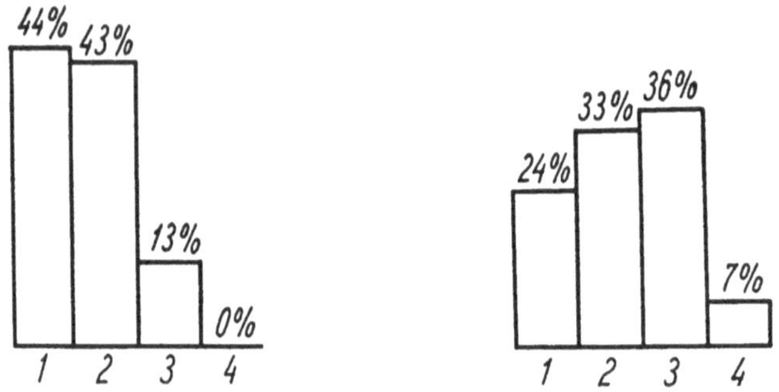

Abb. 1. *Laurinoxylon hasenbergense* sp. nov., Unterschiede in der prozentualen Verteilung der ein- bis vierreihigen Markstrahlen. Die Messungen wurden am Handstück Wiesa 17 (Pauciporosa-Struktur) an zwei verschiedenen Stellen durchgeführt

c) Höhe der Markstrahlen

Auch das Merkmal „Höhe der Markstrahlen in μ" zeichnet sich durch eine sehr große Variationsbreite aus. Die Pauciporosa-Struktur von *Laurinoxylon hasenbergense* sp. nov. ergab Werte von 170–435 μ im Mittel und die Multiporosa-Struktur solche von durchschnittlich 240–535 μ.

Unterschiede in den Mittelwerten von mehr als 200 μ sind also keine Seltenheit. Eine Abhängigkeit von der Jahresringbreite, die man zuerst kaum vermuten würde, ist aber auch hier vorhanden. Vergleicht man sämtliche Hölzer, die beide Strukturtypen zugleich aufweisen, so erkennt man, daß innerhalb der Holzteile von Multiporosa-Struktur höhere Markstrahlen ausgebildet werden als in den Holzzonen mit Pauciporosa-Struktur. Nur eine einzige Ausnahme wurde bei dem Stück Wiesa 18 festgestellt. Die Tabelle 4 zeigt dies sehr anschaulich.

Tabelle 4

Abhängigkeit der Markstrahlhöhe von der Jahresringbreite bei *Laurinoxylon hasenbergense* sp. nov. Bei Multiporosa-Struktur werden bis auf eine Ausnahme (Wiesa 18) höhere Markstrahlen ausgebildet

	Handstück Wiesa Nr.	1	5	11	12	18	19
Mittelwerte d. M.-Str.-Höhe in μ bei	Pauciporosa-Struktur	170 260	340	280	280	390	345
	Multiporosa-Struktur	330	535	400	350	320	370

Interessant ist das Handstück Wiesa 1, bei dem drei verschiedene mittlere Markstrahlhöhen gefunden wurden (vgl. Tabelle 4). Eine Holzzone mit etwas verwachsenem Holz hatte eine mittlere Höhe von nur 170 μ (Taf. 3, Abb. 1). Holzstück Wiesa 2, welches oben schon als Ausnahme genannt wurde, zeigte im normalen Holz Markstrahlhöhen um 250 μ, dagegen im verwachsenen Holz um 435 μ. Dieser sehr große Unterschied im gleichen Struktur-Typ des gleichen Holzrestes wurde jedoch nur einmal festgestellt.

Wegen der großen Schwankungen hat dieses Merkmal für die Diagnose vermutlich keinen Wert. Vor allem bei Wurzelhölzern kann man es bei einem Vergleich mit anderen Hölzern nicht gebrauchen. STERN (1954) spricht die Vermutung aus, daß auch bei Stamm- und Astholz die Variationsbreite dieses Merkmales eine zu große ist, um sie diagnostisch verwenden zu können. Mit der Stockwerkzahl der Markstrahlen verhält es sich wie mit der Höhe der Markstrahlen in μ, es gilt deshalb alles bereits Gesagte.

d) Länge, Breite und Höhe der liegenden Markstrahlzellen

Hinsichtlich der Mittelwerte dieser Merkmale besteht z. T. eine klare Abhängigkeit von der Ausbildung der Jahresringe. Die Tabelle 5 zeigt, daß mit zunehmender Jahresringbreite eine Zunahme der Länge der Zellen einhergeht. Die engsten Jahresringe haben die im Mittel kürzesten, die breiten Jahresringe die im Mittel längsten Markstrahlzellen.

Tabelle 5

Abhängigkeit der mittleren Länge der liegenden Markstrahlzellen von der Jahresringbreite bei *Laurinoxylon hasenbergense* sp. nov.

Jahresringbreite in mm	Länge der liegenden Markstrahlzellen in μ
0,2—0,4	47—52
0,5—1,0	57—82
über 1	63—115

In der Übergangszone vom Spätholz zum Frühholz werden nur sehr kurze Markstrahlzellen ausgebildet. Diese Übergangszellen sind natürlich in den Meßreihen bei Multiporosa-Struktur viel häufiger vertreten als bei Pauciporosa-Struktur. Schon dadurch erhält man einen kleineren Mittelwert. Jedoch erreichen die Zellängen in den engen Jahresringen nie die Maximalwerte wie für Pauciporosa-Struktur (bis 200 μ). Wahrscheinlich spielt hier ein physiologischer Faktor eine Rolle, denn die langgestreckten Zellen können Stoffe über weite Strecken viel schneller transportieren, weil weniger Querwände zu überwinden sind. Bei Multiporosa-Struktur mit ihrem sehr schmalen Jahresringbau kann dieser Stoffaustausch auch ohne viel Schwierigkeiten mit kürzeren Zellen erfolgen.

Bei allen bisher beschriebenen fossilen Lauraceenhölzern, bei denen die Länge der liegenden Markstrahlzellen angegeben wurde, fiel dieser Wert in die Variationsbreite der hier untersuchten Hölzer. Einen diagnostischen Wert besitzt dieses Merkmal also nicht.

Die Meßreihen für die Breite der liegenden Markstrahlzellen erbrachten bei den *Laurinoxylon hasenbergense*-Holzstücken eine Variationsbreite von 11 bis 21 μ. Dabei kann nicht ohne weiteres eine Abhängigkeit von der Jahresringbreite festgestellt werden, wiewohl die Messungen zeigten, daß bei Hölzern, die beide Strukturen ausgebildet haben, meist bei Pauciporosa-Struktur schmalere Zellen als bei Holz mit Multiporosa-Struktur ausgebildet wurden. Jedoch wurde auch in einigen Fällen das Gegenteil beobachtet. Für die Diagnose kann dieses Merkmal durchaus Wert besitzen, da einige schon beschriebene Holzfossilien hierin erheblich abweichen, so z. B. *Laurus triseriata* CASPARY, *Laurinoxylon linderoides* E. SCHÖNFELD und *Laurinoxylon desioi* CHIARUGI.

Das Merkmal „Höhe der liegenden Markstrahlzellen" ist auffallend beständig. Unterschiede zwischen den beiden Struktur-Typen konnten nicht festgestellt werden. Die Mittelwerte der einzelnen Proben von *Laurinoxylon hasenbergense* sp. nov. lagen zwischen 25 und 29 μ. Der diagnostische Wert ist bei Lauraceen-Hölzern offenbar sehr groß; bei Verschiedenheiten kann man ohne weiteres auf eine andere Art schließen. So fand ich bei meinen Hölzern an vier Handstücken die in Tabelle 6 angegebenen Abweichungen. Sämtliche Abweichungen waren artbedingt, was noch durch andere Verschiedenheiten in den Merkmalen bekräftigt werden konnte. Die Handstücke Wiesa 50 und 51, die, wie aus der Tabelle 6 ersichtlich, gleiche Zellhöhen haben, zeigten auch in den anderen Merkmalen völlige Übereinstimmung. Sie gehören beide der gleichen Form an.

Tabelle 6

Artbedingte Unterschiede bei einigen Hölzern in der mittleren Höhe der liegenden Markstrahlzellen

Handstück Wiesa	Mittelwert in μ	
1—47	25—29	= *L. hasenbergense* sp. nov.
50	23	= *L. bergeri* sp. nov.
51	23	= *L. bergeri* sp. nov.
53	19	= *L. litseoides* sp. nov.
54	21	= *L. microtracheale* sp. nov.

e) Länge, Breite und Höhe der Markstrahl-Kantenzellen

Es konnte bei der Länge der Markstrahl-Kantenzellen die gleiche Abhängigkeit von der Breite der Zuwachszone festgestellt werden wie bei der Länge der liegenden Markstrahlzellen. Die Tabelle 7 zeigt wieder die Variationsbreite der Mittelwerte in Abhängigkeit von der Jahresringbreite. Einen diagnostischen Wert besitzt dieses Merkmal kaum.

Bei der Betrachtung der Mittelwerte für die Breite der Markstrahl-Kantenzellen fällt wieder die Abhängigkeit von den beiden Struktur-Typen auf. Bei Pauciporosa-Struktur zeigen die Kantenzellen in den Mittelwerten eine Variationsbreite von 12 bis 18 μ, bei Multiporosa-Struktur von 17 bis 23 μ.

Tabelle 7

Abhängigkeit der Länge der Markstrahl-Kantenzellen von der Jahresringbreite bei *Laurinoxylon hasenbergense* sp. nov.

Jahresringbreite in mm	Mittlere Länge der Kantenzellen in μ
0,2—0,4	23—25
0,5—1,0	23—33
über 1	26—39

Die Höhen der Kantenzellen zeichnen sich durch eine große Variationsbreite aus. Die Handstücke von *Laurinoxylon hasenbergense* sp. nov. besitzen Durchschnittswerte von 35 bis 75 μ. Es konnte auch innerhalb eines Handstückes oft ein sehr großer Unterschied festgestellt werden. Holzstück Wiesa 10 hatte Stellen mit durchschnittlich 55 μ, an anderen Stellen Mittelwerte von 36 μ. Dabei wurde keine Abhängigkeit von einem anderen Merkmal nachgewiesen. Die Hölzer rezenter Lauraceen-Gattungen werden u. a. auch durch die mehr oder weniger deutliche Heterogenität ihrer Markstrahlen unterschieden (RECORD u. HESS 1942). Ebenfalls sind die von CASPARY (1887) beschriebenen fossilen Lauraceen-Arten durch sehr niedrige Kantenzellen ausgezeichnet. Auch ich fand unter den Wiesaer Stücken ein Holz mit fast homogenen bzw. sehr undeutlich heterogenen Markstrahlen; die Kantenzellen hatten im Mittel nur 25 μ Höhe. Diesem Merkmal kommt deshalb trotz der vorkommenden Schwankungen ein großer diagnostischer Wert zu, und es hat als formabgrenzendes Merkmal Bedeutung.

f) Wanddicke der Markstrahlzellen

Hier konnte nicht festgestellt werden, ob irgendeine Abhängigkeit von einem anderen Merkmal besteht. Der diagnostische Wert dürfte wohl sehr gering sein.

4. Sonstige Merkmale

a) Merkmale der Ölidioblasten

Auch bei den Eigenschaften der Ölzellen haben sich starke Schwankungen ergeben. Die Ölidioblasten der Fundstücke von *Laurinoxylon hasenbergense* sp. nov. hatten folgende Mittelwerte für Größe und Gestalt:

Radiale Erstreckung 40—52 μ,
tangentiale Erstreckung 25—32 μ,
vertikale Erstreckung 80—130 μ.

Bis auf eine Ausnahme fielen auch die Mittelwerte der übrigen Hölzer in diese Variationsbreite. Ebenso scheint die Anzahl der Ölidioblasten mehr oder weniger starken Schwankungen unterlegen zu sein. Meist fand ich 10—20 Ölidioblasten je mm^2 (auf dem Querschnitt gemessen).

Im Schrifttum wird oft darauf hingewiesen, daß das Fehlen oder Vorhandensein von Ölzellen nicht artbedingt ist. Ölzellen sollen in der Regel erst bei älterem Holze auftreten. Aus diesen Gründen dürften die Eigenschaften der Ölidioblasten zur diagnostischen Verwendung wenig geeignet sein. Nur bei sehr auffälligen Abweichungen kann man eine andere Art vermuten. So fand ich ein Holzstück, welches durch das außerordentlich zahlreiche Auftreten der Ölidioblasten ein völlig anderes Aussehen hatte. Es wurde deshalb in Verbindung mit anderen abweichenden Merkmalen als eine eigene Form beschrieben (*Laurinoxylon endiandroides* sp. nov., S. 31). Spätere Forschungen werden zeigen müssen, ob ein außergewöhnlich häufiges Auftreten von Ölidioblasten formspezifisch ist.

b) Merkmale des Parenchyms

Die Ausmaße der Holzparenchymzellen spielen für die Diagnostik eine sehr untergeordnete Rolle, da ihre Mittelwerte in allen Handstücken keine wesentlichen Unterschiede aufweisen. Große Bedeutung für die Diagnostik kommt dagegen der Menge und der Anordnung des Parenchyms um die Gefäße zu. Große Unterschiede wurden zwar hier nicht festgestellt, da die Fundstücke wahrscheinlich nur einer Gattung oder wenigstens verwandten Gattungen angehören. Nur ein größeres Handstück hatte aliformis bis teilw. confluentes Parenchym (*Laurinoxylon endiandroides* sp. nov., S. 32). Dagegen zeigten die anderen Hölzer mehr oder weniger deutlich vasizentrisch angeordnetes paratracheales Parenchym.

c) Merkmale des Libriforms

Der tangentiale und radiale Durchmesser des Libriforms scheint nur eine untergeordnete Bedeutung für die Diagnostik zu haben. Alle gefundenen Werte fielen in die Variationsbreite der *Laurinoxylon hasenbergense*-Fundstücke. Die meisten Autoren gehen bei Holzbeschreibungen rezenter Lauraceen-Gattungen gar nicht auf diese Merkmale ein (RECORD u. HESS 1942 u. a.).

Die Länge der Libriformzellen wurde hier nicht berücksichtigt, da man nur bei lignitisch erhaltenen Holzfossilien die genaue Faserlänge durch Mazerieren feststellen kann, bei versteinerten nicht. Der Wanddicke kommt dagegen eine große diagnostische Bedeutung zu. Sie wird oft zur Gattungs-Diagnostik rezenter Lauraceen benutzt.

So schreibt SCHUSTER (1907), daß die Dickwandigkeit der Holzfasern ein charakteristisches, allen Arten der Gattung *Nectandra* ROLAND gemeinsames Merkmal sei. RECORD u. HESS (1942) geben aber für *Nectandra* auch dünnere Wände an. Hier muß aber vor allem der Hinweis von W. MÜLLER-STOLL (1951, S. 771) beachtet werden, daß die Membranen der Holzzellen bei der Fossilisation durch Quellungsvorgänge oder Einlagerung von Mineralsubstanz sekundär eine Dickenzunahme (Strukturvergröberung) erfahren können.

5. *Ergebnisse*

1. Die Untersuchungen an den Ligniten des Hasenberges ermöglichten es erstmalig, bei fossilen Lorbeerhölzern die Merkmalsausbildung an einem umfangreichen Material vergleichend zu erfassen und auf Grund der Variationsbreite den jeweiligen diagnostischen Wert zu beurteilen.
2. Es wurden zwei Struktur-Typen festgestellt, die, oft im gleichen Holzrest auftretend, eine starke Abhängigkeit von der Zuwachsbreite zeigen. Nach ihrem auffälligsten Unterscheidungsmerkmal, der Gefäßdichte, wurden sie als Multiporosa- und als Pauciporosa-Struktur bezeichnet, erstere mit unter 0,5 mm, letztere mit über 0,5 mm breiten Zuwachszonen. Für eine sichere Diagnostik und Formabgrenzung fossiler Lorbeerhölzer ist die Kenntnis dieser beiden Strukturtypen unerläßlich, da sie außer in Zuwachsbreite und Gefäßdichte oft noch wesentliche Unterschiede in den Gefäßweiten, in Breite und Höhe der Markstrahlen, in Länge und Breite der liegenden Markstrahlzellen und in der Länge und Breite der Markstrahl-Kantenzellen aufweisen. Holz mit Multiporosa-Struktur entspricht dem typischen Wurzelholz; Holz mit Pauciporosa-Struktur entspricht dem typischen Stammholz.
3. Die anatomischen Holzmerkmale können in drei verschiedene Gruppen jeweils nach ihrem diagnostischen Wert eingereiht werden.

   Gruppe I: Umfaßt folgende für die Holzdiagnostik besonders bedeutsame, oft formabgrenzende Merkmale:

   1. Radialer Durchmesser der einzelstehenden Gefäße.
   2. Art der Gefäßdurchbrechung.
   3. Höhe der liegenden Markstrahlzellen.
   4. Höhe der Kantenzellen bzw. Heterogenitätsgrad der Markstrahlen.
   5. Menge und Anordnung des Holzparenchyms.
   6. Wanddicke der Libriformfaserzellen.

   Gruppe II: Merkmale, die für die Diagnostik zwar wichtig, jedoch durch ihre oft große Variabilität nur in Verbindung mit Merkmalen der Gruppe I zur Formabgrenzung herangezogen werden sollten, es sei denn, sie zeichnen sich durch eine extreme Ausbildung aus.

   1. Reihenbildung und Form der Gefäße (Gefäßquotient).
   2. Wanddicke der Gefäße.
   3. Breite (tangential) der liegenden Markstrahlzellen.
   4. Breite (tangential) der Markstrahl-Kantenzellen.

Gruppe III: Merkmale, die keine oder nur eine untergeordnete Bedeutung für die Diagnostik haben und als formabgrenzende Merkmale höchstens in Ausnahmefällen Verwendung finden können.

1. Gefäßdichte pro Flächeneinheit im Querschnitt.
2. Länge der Gefäßglieder.
3. Markstrahldichte.
4. Breite der Markstrahlen.
5. Höhe der Markstrahlen.
6. Länge (radial) der liegenden Markstrahlzellen.
7. Länge (radial) der Kantenzellen.
8. Wanddicke der Markstrahlzellen.
9. Merkmale der Ölidioblasten.
10. Ausmaße der Holzparenchymzellen.
11. Tangentialer und radialer Durchmesser der Libriformfaserzellen.
12. Länge der Libriformfaserzellen.

Zu den vorausgegangenen Darlegungen sei hier einschränkend hinzugefügt, daß sie zunächst nur für das von uns geprüfte Material Gültigkeit haben können. Inwieweit eine Verallgemeinerung zulässig ist, läßt sich schwer beurteilen; immerhin dürften mit genügender Vorsicht die hier gewonnenen Maßstäbe auch bei anderen Fossilien gleicher Sippenzugehörigkeit zur Anwendung gelangen können. Wenn später wieder ein größeres Material zur Untersuchung zur Verfügung steht, sollte man nicht unterlassen, die verschiedenen Holzmerkmale nach ähnlichen Grundsätzen auf ihre Tauglichkeit zur Formenabgrenzung zu prüfen und natürlich ebenso auch bei Holzfossilien aus anderen Verwandtschaftskreisen verfahren. Nur so kann allmählich die bei der Beschreibung von Einzelfunden gegenwärtig bestehende Unsicherheit in der Entscheidung über die Selbständigkeit der vorgefundenen Merkmalskombinationen überwunden werden. Die rezente Holzanatomie gibt kaum Anhaltspunkte in dieser Richtung, da dort im allgemeinen keine ihrer Herkunft und Organzugehörigkeit unbekannten Objekte zur Untersuchung gelangen. Daher wäre es zu begrüßen, wenn gerade bei wichtigen Sippen die Artunterschiede im Holzbau unter Berücksichtigung aller bei der Holzbeschreibung verwendeten Merkmale untersucht würden. Leider war dies im Rahmen der vorliegenden Arbeit nicht möglich, da genügendes Material von rezenten Lauraceen nicht verfügbar war. Es wäre z. B. durchaus denkbar, daß Schwankung oder Konstanz eines Merkmales im Gesamtzusammenhang der Holzeigenschaften artdiagnostische Bedeutung haben kann. Da in vorliegender Arbeit nur Wurzelhölzer oder wenigstens keine einwandfrei von Stammholz herrührenden Stücke untersucht werden konnten, kann nicht mit Sicherheit gesagt werden, ob Stammholz bezüglich des diagnostischen Wertes der einzelnen Merkmale dasselbe Ergebnis gebracht hätte; doch ist es unwahrscheinlich, daß die Befunde stark verschieden gewesen wären. Immerhin verdient auch dieser Gesichtspunkt in Zukunft Beachtung.

III. Zur Anatomie des Wurzelholzes fossiler Lauraceen

1. Allgemeines

Unter den zahlreichen bis jetzt beschriebenen fossilen Lauraceen-Holzresten befindet sich offenbar kein mit Sicherheit als solches erkanntes Wurzelholz. In keiner Holzbeschreibung sind Angaben über das Vorkommen von primärem Xylem enthalten. Die Funde des Hasenberges weisen dagegen sehr oft primäres Xylem auf; wo dieses nicht erhalten ist, läßt der äußere Zustand meist auf ein Wurzelholz schließen. Bekräftigt wird diese Zuordnung dadurch, daß der anatomische Bau dieser Stücke sich in nichts von den Holzproben mit primärem Xylem unterscheidet.

Mit der Anatomie holziger Wurzeln hat man sich bis jetzt nur wenig beschäftigt, obwohl die erste größere Arbeit über die Anatomie des Wurzelholzes bereits aus dem Jahre 1862 von HUGO v. MOHL stammt. ALTEN (1909), KNY (1908), LIESE (1924), POHL (1926, 1927), RIEDL (1937) u. a. widmeten sich später ebenfalls diesem Gebiet. Es wurden aber meist nur Beobachtungen an wenigen Arten durchgeführt. Dadurch erklärt sich auch, daß in einigen Fällen trotz genauer Untersuchungsmethoden unterschiedliche Ergebnisse erzielt wurden. In einzelnen Fragen ist deshalb noch keine Verallgemeinerung möglich, aber verschiedene grundlegende anatomische Eigenheiten, die wahrscheinlich allen Wurzeln zukommen, lassen sich doch herausstellen.

Die Wurzel der Laubhölzer unterscheidet sich gegenüber dem Stamm vor allem durch die oft vorkommende wechselnde Exzentrizität der Jahresringe, durch oft engere Jahresringe, bei denen der Spätholzanteil dann stark zurücktritt, und durch häufig verwischte, mehr oder weniger undeutliche Jahresringgrenzen. Es werden meist weitere und mehr Gefäße ausgebildet (Ausnahmen in der Weite führt v. MOHL (1862) für *Quercus pedunculata* EHRH. und *Fraxinus excelsior* L. an, die aber von anderen Autoren, so POHL (1926) und RIEDL (1937), nicht bestätigt werden), vor allem dann, wenn bei extrem engen Zuwachszonen nur die Frühholzporen zur Ausbildung gelangen. Das Speichergewebe nimmt auf Kosten des Festigungsgewebes zu. Aber schon HUGO v. MOHL (1862) macht darauf aufmerksam, daß es viele Übergänge zum typischen Stammholz gibt, vor allem in Stammnähe und in stark exzentrisch gewachsenen Wurzeln, und daß die angeführten Merkmale nicht eine besondere Eigenschaft der Wurzel sind, sondern daß auch in Stämmen, die wenig Zuwachs zeigen, die Tendenz zur Ausbildung von Wurzelholz-Merkmalen besteht.

Vergleichende Untersuchungen über Wurzel- und Stammholzstrukturen bei Lauraceen liegen in der mir bekannten Literatur nicht vor. Lediglich TUPPER (1927) bringt Mikrophotographien der Wurzel- und Stammholzquerschnitte von *Sassafras officinale* NEES. Aus diesen Abbildungen kann man erkennen, daß der ringporige Aufbau, der dieser Art eigen ist, im Wurzelholz verlorengeht. Leider ist es mir nicht möglich, an dem vorliegenden Material vergleichende Untersuchungen anzustellen, da keine Probe mit Sicherheit auf Stammholz bezogen werden kann. Keines der Stücke enthält einen echten, parenchymatischen Markkörper.

2. *Besonderheiten der Wurzelstruktur bei den Hasenberg-Funden*

Auf den allgemeinen anatomischen Bau wird bei der Beschreibung der einzelnen Formen eingegangen werden, so daß wir uns hier nur auf Besonderheiten beschränken können.

Die Holzzonen um das primäre Xylem herum weichen in einigen Merkmalen von der normalen Ausbildung ab. Als Beispiel diene Holzstück Wiesa 10, welches gut entwickeltes primäres Xylem aufweist. Die Anzahl der Gefäße ist stark vermehrt, und die Gefäße sind im Durchmesser auffallend kleiner. Die Markstrahlen sind schmaler und niedriger. Eine Gegenüberstellung dieser Merkmale findet man in Tabelle 8. Auch die Ölidioblasten sind in der inneren Zone nicht so zahlreich wie in der äußeren.

Tabelle 8

Gegenüberstellung einiger Merkmale der inneren und äußeren Holzzone des Handstückes Wiesa 10

Merkmal	Holzzone außen	Holzzone innen
Anzahl der Gefäße je mm²	18	65
Durchmesser der Gefäße in μ	78	50
Breite der Markstrahlen in μ	27	17
Höhe der Markstrahlen in μ	240	205

Beim Vergleich verschiedener Hölzer miteinander muß man also die Lage der Holzzone beachten. Die äußere Holzzone hat weniger und weitere Gefäße und breitere und höhere Markstrahlen. Die Holzzone um das primäre Xylem herum (Taf. 4, Abb. 1) hat zahlreichere und engere Gefäße und schmalere und niedrigere Markstrahlen.

Der anatomische Bau der Jahresringe ist bei den vorliegenden Hölzern so gleichmäßig, daß man Jahresringgrenzen mit dem bloßen Auge nicht unterscheiden kann. Erst nachdem der Querschnitt poliert oder zumindestens mit einem scharfen Messer geglättet wurde, konnte man mit Hilfe der Lupe erkennen, daß die Jahresringe der Wurzeln eine oft wechselnde Exzentrizität besitzen (Textabb. 2e, f), wie sie schon von v. Mohl (1862) und später von Kny (1908) als ein spezielles Merkmal für Wurzeln beschrieben wurde. Die genaue Beobachtung wird dadurch erschwert, daß bei den Fossilien die ursprüngliche Oberfläche oft mehr oder weniger zerstört ist und ihre äußere Begrenzung daher nicht wie bei frischem Material mit dem Verlauf der Jahresringe übereinstimmt.

In Handstück Wiesa 5 kann man, wie Textabb. 2e und Taf. 7, Abb. 2 zeigen, einen Holzkeil von Multiporosa-Struktur beobachten, der beiderseits durch Holz mit Pauciporosa-Struktur flankiert wird. Die etwa 20 Jahresringe umfassende Multiporosa-Zone keilt auf der einen Seite vollkommen aus, und eine Unterscheidung einzelner Zuwachszonen ist nicht mehr möglich.

Der auf Taf. 1, Abb. 3 wiedergegebene Querschnitt stammt aus einer Wurzelholz-Zone mit stark exzentrisch verlaufenden Jahresringen; es handelt sich um typische Pauciporosa-Struktur. Wie auch in vielen anderen Fällen zeigt sich hier, daß sich gerade die Holzzonen mit ausgesprochener Exzentrizität der Zuwachsringe in ihren Baueigentümlichkeiten der Stammholz-Struktur angleichen. Mit enger werdenden Zuwachsringen geht dann die Pauciporosa-Struktur allmählich in Multiporosa-Struktur über.

Multiporosa- sowie Pauciporosa-Struktur können also innerhalb der gleichen Zuwachsperiode gemeinsam auftreten. Die Wurzel sichert sich auf diese Weise die benötigten Bahnen für die Wasserzuführung, ohne gleichzeitig auf die vor allem der Festigung dienenden Zonen verzichten zu müssen. Vielleicht ist hierin mit ein Grund für die exzentrische Ausbildung der Jahresringe zu suchen (ungeklärt bleibt dann aber immer noch die von KNY (1908) näher untersuchte und in den Ursachen noch nicht geklärte wechselnde Exzentrizität des Wurzelwachstums).

Nicht immer ist das Zusammenrücken und schließlich Ineinanderübergehen der Jahresringe mit der Ausbildung der Multiporosa-Struktur verbunden. Es gibt Beispiele, wo Jahresringgrenzen sehr nahe zusammenrücken und sogar ineinander übergehen, ohne daß der Charakter der Pauciporosa-Struktur aufgegeben wird.

An einigen Ligniten konnte nachgewiesen werden, daß die Pauciporosa-Struktur, wie es auch schon weiter oben beschrieben wurde, plötzlich in Multiporosa-Struktur übergehen kann (Taf. 4, Abb. 3). Diese Übergangszone setzt sich anfangs aus einigen hintereinander liegenden, radial flachgedrückten Libriformfaserzellen von normaler Wandstärke zusammen, die allmählich in dünnwandige, aber ebenfalls noch stark radial flachgedrückte parenchymatische Zellen übergehen. Der letzte Teil wird dadurch vorwiegend von parenchymatischen Zellen gebildet. Bei diesen parenchymatischen Zellen handelt es sich vermutlich um Ersatzfaserzellen. Diese parenchymreiche Übergangszone wird durch das Zusammenfließen mehrerer Jahresringe bewirkt. Dies konnte am Handstück Wiesa 5 bewiesen werden, wo durch die auskeilende Multiporosa-Struktur (Taf. 7, Abb. 2) die gleiche Erscheinung auftrat.

Diese Übergangszonen sind deshalb von Interesse, weil hier die unterschiedliche Ausbildung der Merkmale, die von der Pauciporosa- bzw. Multiporosa-Struktur abhängig sind und im ersten Teil beschrieben wurden, gleichzeitig beobachtet werden kann. Neben der verschiedenen Anzahl und Größe der Gefäße fallen vor allem die in der Übergangszone breiter werdenden Markstrahlen auf. Oft sind es nur die Einzelzellen, die an Breite zunehmen, in einigen Fällen wird aber außerdem aus dem bisher ein- oder zweireihigen Markstrahl ein zwei- oder dreireihiger.

Auch innerhalb der Multiporosa-Struktur kann man oft an den Jahresringgrenzen Zonen finden, die sehr reich an Parenchym sind. Es ist möglich, daß diese ebenfalls durch Zusammenfließen mehrerer, extrem verschmälerter Zuwachsperioden entstanden sind.

An den Wurzelstücken mit Pauciporosa-Struktur konnten sehr oft Verwachsungen festgestellt werden, die sich durch einen schon mit bloßem Auge erkennbaren unruhigen und oft wechselnden Faserverlauf bemerkbar machen (Textabb. 2a—d). Bei Holz von Multiporosa-Struktur konnte dies dagegen nie beobachtet werden. Diese verwachsenen Holzstellen zeigten dann immer auch einige anatomische Strukturabänderungen. Vor allem sind die Gefäßweiten und die Anzahl der Gefäße je mm² geringer. Es kann durchaus möglich sein, daß an diesen Stellen (hauptsächlich Wurzelverzweigungen oder Wurzelverwachsungen) die Gefäße enger und auch weniger zahlreich als im Stammholz sind. Es wurden Holzzonen mit Gefäßweiten von 70 bis 80 μ im Mittel und 8—10 Gefäßen je mm² festgestellt. Bevor nicht genaue vergleichende Untersuchungen an rezentem Holz vorliegen, kann man also nicht ohne weiteres sagen, daß Wurzelholz immer weitere und mehr Gefäße als Stammholz aufweist. Die

Abb. 2. *Laurinoxylon hasenbergense* sp. nov. (danebenstehend).

a) Verwachsenes Wurzelholz. Stück Wiesa 1 (Typus). $^2/_5$ nat. Gr.

b) Stark verwachsenes Wurzelholz mit häufiger Knäuelbildung. Stück Wiesa 15. $^2/_3$ nat. Gr.

c) Stark verwachsenes Wurzelholz. Stück Wiesa 14. Nat. Gr.

d) Stark verwachsenes Wurzelholz mit häufiger Knäuelbildung von einer Verzweigungsstelle. Stück Wiesa 2. Nat. Gr.

e) Wurzelholz im Querschnitt (geglättet), wechselnde Exzentrizität der Jahresringe mit auskeilender Multiporosa-Holzzone (hell), das dichtere und härtere Pauciporosa-Holz dunkel. Stück Wiesa 5. $^2/_1$ nat. Gr.

f) Das Stück von Abb. 2a im Querschnitt (geglättet), wechselnde Exzentrizität der Jahresringe zeigend. Weite Jahresringe mit Pauciporosa-Struktur, enge Jahresringe mit Multiporosa-Struktur. Stück Wiesa 1 (Typus). Nat. Gr.

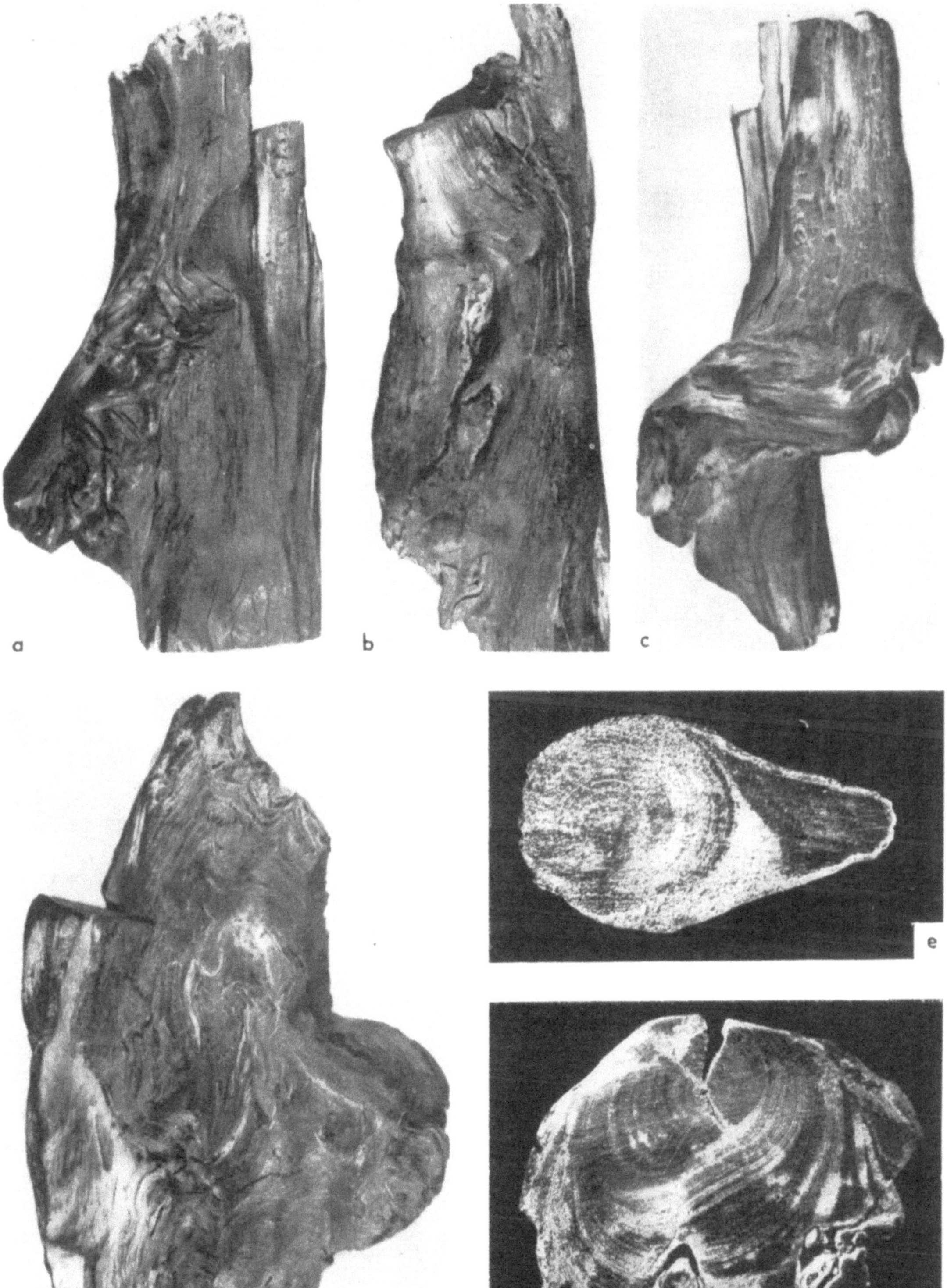

Abb. 2.

Markstrahlen waren in verwachsenem Holz meist etwas schmaler und niedriger, in einem Fall aber auch besonders mächtig ausgebildet (Taf. 3, Abb. 3; Taf. 7, Abb. 6).

Sehr häufig konnte man an den Wurzelstücken Knäuelbildungen beobachten. Das Auftreten vor allem in den verwachsenen Holzzonen stützt die von vielen Autoren vertretene Meinung, daß die Knäuelbildung allein durch die mechanisch bedingte Ablenkung der wachsenden Fasern entsteht (vgl. KÜSTER 1925). Die Knäuel-Strukturen begannen in allen untersuchten Fällen unmittelbar am primären Xylem und verliefen von da wirbelartig nach außen. Es ist anzunehmen, daß die einmal erfolgte Knäuelbildung im Zuwachsprozeß dauernd erhalten bleibt (Anomalie im Kambium). An dem spiraligen Verlauf der Holzelemente nehmen in einigen Fällen außer den Libriformzellen und den Markstrahlen auch die Gefäße teil. Taf. 4, Abb. 5 zeigt einen Tangentialschnitt mit Knäuelbildung.

An vielen Wurzelstücken, besonders häufig aber an dem Stück Wiesa 15, wurden auf tangentialen Längsschnitten in unmittelbarer Nähe des primären Xylems junge, von parenchymatischem Überwallungsgewebe umgebene Seitenwurzeln verschiedener Größe angetroffen. Es handelt sich dabei um verkümmerte Faserwurzeln, die durch das sekundäre Dickenwachstum der Hauptwurzel in deren Holzkörper eingeschlossen wurden. Das Erkennen dieser sehr kleinen Gebilde war schwierig, da beim Schneiden des Holzes das parenchymatische Hüllgewebe samt den Resten der Seitenwurzeln meist aus den Schnitten herausfiel. Nur an einer sehr kleinen Seitenwurzel mit wenig Überwallungsgewebe (Durchmesser 0,3—0,5 mm) konnte ein Holzkörper von 70 $\times$ 130 μ erkannt werden. Das parenchymatische Hüllgewebe war meist mächtig entwickelt und zeigte in Tangentialansicht eine breit spindelförmige Gestalt. Es war aus Zellen aufgebaut, die den Zellen der Markstrahlen ähnlich waren und überdies mit ihnen in Verbindung standen. Im Zentrum dieser an sehr mächtig entwickelte und extrem verbreiterte Markstrahlen erinnernde Parenchymkomplexe befanden sich die Seitenwurzeln nur noch in Resten ihrer erst wenig entwickelten Holzkörper. Diese Seitenwurzeln sind offenbar schon als junge Faserwurzeln abgestorben; ihre basalen Teile wurden dann überwallt. Der größte dieser parenchymatischen Gewebekomplexe zeigte in tangentialer Ansicht einen Durchmesser von 1,5 $\times$ 2 mm und zwar in einer Entfernung von 1—2 mm vom primären Xylem der Hauptwurzel. Der Holzkörper konnte hier nicht erkannt werden, da er offenbar schon bei der Überwallung mehr oder weniger zersetzt war. Zwischen sehr eng beieinanderstehenden Anlagen solcher Seitenwurzeln fanden sich häufig die bereits erwähnten Knäuelbildungen im Holz der Hauptwurzel. An rezenten Wurzeln von *Laurus nobilis* L. konnte stellenweise ebenfalls eine Häufung solcher vom Holzkörper eingeschlossener Ansätze junger Faserwurzeln festgestellt werden; das Bild war hier im wesentlichen das gleiche wie bei dem fossilen Material.

Sehr selten wurden größere Seitenwurzeln in weiterer Entfernung vom primären Xylem der Hauptwurzel beobachtet, so im Stück Wiesa 15 einmal eine solche von 0,7 mm im Durchmesser. Hier fehlten die Parenchymanhäufungen in der Umgebung; offensichtlich handelte es sich um eine noch längere Zeit funktionstüchtig gebliebene Seitenwurzel, die erst später, als die Hauptwurzel bereits stärker geworden war, abgestorben ist. Die zahlreichen kleinen Wurzelanlagen in der Umgebung des primären Xylems der Hauptwurzel müssen dagegen aus einem sehr frühen Stadium stammen, als diese als ganz junge Wurzel stark büschelig verzweigt war.

Über das Vorkommen von Thyllen in den Gefäßen der Wurzel von Holzgewächsen findet man in der Literatur sehr geteilte Meinungen. So schreiben LIESE (1924) und RIEDL (1937), daß Thyllen in Wurzeln nur ausnahmsweise oder pathologisch bedingt vorkommen. ALTEN (1909) und KÜSTER (1925) fanden dagegen auch normalerweise Thyllen in den Wurzelholzgefäßen. Jedes hier vorliegende Fundstück, auch wenn durch das Vorhandensein des primären Xylems einwandfrei Wurzelholz festgestellt werden konnte, zeigte reichlich Thyllenbildung in den Gefäßen. Von ausnahmsweiser oder pathologischer Thyllenbildung kann an diesem zahlreichen Material wohl kaum die Rede sein. Diese gegensätzlichen Meinungen treten vor allem deshalb auf, weil die Beobachtungen einmal an verschiedenen Holzarten durchgeführt wurden und zum anderen die Thyllenbildung in den Wurzeln vielleicht stark vom jeweiligen Standort abhängt. Es ist jedenfalls nicht einzusehen, daß Wurzeln in lockeren, gut durchlüfteten Böden nicht gleichfalls wie Ast- und Stammholz Thyllenbildung zeigen sollen[1]). Eine Verallgemeinerung ist in dieser Frage wohl nicht möglich.

Die Feststellung von LIESE (1934) an Wurzelholz der Robinie (*Robinia pseudacacia* L.), daß die Markstrahlen im Wurzelanlauf und an den Abzweigungen der Seitenwurzeln keine senkrechte Stellung zur Hauptachse haben, sondern im spitzen Winkel nach außen verlaufen, kann am vorliegenden Material bestätigt werden. Besonders bei dem Stück Wiesa 2 (Textabb. 2d) war dies deutlich zu erkennen; schon nach seiner äußeren Beschaffenheit ist es wahrscheinlich, daß dieses Stück von der Verzweigungsstelle einer starken Wurzel stammt.

3. *Ergebnisse*

1. Holzzonen, unmittelbar um das primäre Xylem gelegen, zeigen ebenfalls in einigen Merkmalen Abweichungen gegenüber den weiter außen liegenden jüngeren Holzzonen.
2. Auch an den fossilen Wurzeln konnte die bei rezentem Material allgemein bekannte Exzentrizität der Jahresringe festgestellt werden.
3. Multiporosa- und Pauciporosa-Struktur können in einer Zuwachsperiode gemeinsam auftreten. Erstere dient bevorzugt der Wasserleitung, letztere der Festigung.
4. Der Übergang von einem Struktur-Typ zum anderen kann in radialer Richtung sowohl allmählich als auch plötzlich erfolgen. Ist letzteres der Fall, kann sich eine aus mehreren Jahresringen zusammengesetzte parenchymreiche Übergangszone ausbilden.
5. Knäuelbildungen kommen vor allem bei Pauciporosa-Struktur sehr zahlreich vor.
6. Starke Anhäufung von Parenchym als Überwallungsgewebe um abgestorbene junge Seitenwurzeln wurde in der Umgebung des primären Xylems der Wurzelhölzer festgestellt.
7. Das Vorkommen von zahlreichen Thyllen in den Gefäßen der Wurzeln läßt darauf schließen, daß die Ursprungspflanzen auf gut durchlüftetem Boden gestanden haben.

---

[1]) Nach KLEIN (1923) ist es die in die Gefäße eindringende Luft, die die benachbarten Parenchymzellen zur Thyllenbildung veranlaßt.

SPEZIELLER TEIL

IV. Beschreibung der Lorbeerhölzer vom Hasenberg bei Wiesa

1. Bestimmung der Familienzugehörigkeit

Alle untersuchten Laubholz-Lignite vom Hasenberg erwiesen sich als zur gleichen Familie gehörig. Die verschiedenen Holzproben zeichnen sich durch folgende gemeinsame Merkmale aus: 1. durch die gleichmäßig über den ganzen Jahresring verstreut liegenden Gefäße, die im Frühholz nur wenig weiter als im Spätholz sind, 2. durch die meist einzeln stehenden und zur radialen Reihenbildung neigenden Gefäße, 3. durch die auf den Gefäßwänden alternierend angeordneten, zahlreichen Hoftüpfel und die einseitig behöften, unregelmäßig gestalteten, vergrößerten Tüpfel zwischen Gefäßen und Parenchymzellen, 4. durch die meist deutlich heterogenen und 1—3 Zellen breiten, reichlich vorhandenen Markstrahlen, 5. durch das paratracheale, meist vasizentrisch angeordnete Holzparenchym und 6. durch die zahlreich vorkommenden Ölidioblasten.

Alle diese Merkmale, besonders das Vorkommen der Ölidioblasten (KRÄUSEL u. SCHÖNFELD 1924), sprechen dafür, daß die Hölzer zur Familie der Lauraceen gehören (VATER 1884; FELIX 1887; RECORD u. HESS 1942, 1943; STERN 1954). Auch bei Magnoliaceen kommen einige Arten mit Ölidioblasten vor; diese Familie läßt sich aber wegen des sonst andersartigen anatomischen Baus nicht mit den vorliegenden Formen vergleichen (KRÄUSEL u. SCHÖNFELD 1924). Nach STERNS Untersuchungen (1954) stehen die Lauraceen holzanatomisch den Hernandiaceen, Monimiaceen und Myristicaceen nahe, von denen einige Arten ebenfalls Ölidioblasten besitzen. Für die Hernandiaceen sind jedoch, neben anderen Abweichungen, meist homogene bis schwach heterogene Markstrahlen charakteristisch. Die Monimiaceen zeichnen sich meist durch eine leiterförmige Tüpfelung der Gefäßwände und apotracheales Holzparenchym aus. Die Myristicaceen haben immer neben einfacher eine leiterförmige Perforation der Gefäße, welche bei unseren Fundstücken nie auftritt. Auch von diesen drei Familien grenzen sich also die vorliegenden Hölzer klar ab.

Eine holzanatomische Unterscheidung der einzelnen Lauraceen-Gattungen und -Arten ist vorläufig noch unmöglich. Dahingehende Versuche von FELIX (1887), der die fossilen Lauraceenhölzer in die Formgattungen *Perseoxylon* (Ölidioblasten vorhanden) und *Laurinium* (Ölidioblasten fehlen) einteilte, und von SCHUSTER (1907, 1909), welcher die Formgattung *Ocoteoxylon* aufstellte, erwiesen sich als nicht tragbar. GOTHAN (1908) greift wieder auf den von FELIX (1883) eingeführten Namen *Laurinoxylon* zurück, unter dem alle fossilen Lorbeerhölzer zusammenzufassen sind. Die im folgenden beschriebenen Holzfossilien sind demnach zur Formgattung

Laurinoxylon FELIX

zu stellen.

Der Gattungsname von FELIX ist mit dem ersten zweifelsfrei zu dieser Familie gehörenden Lorbeerholz verknüpft (*Laurinoxylon diluviale* [UNGER] FELIX). Zuerst wurde dieses Holz von UNGER (1842) als *Ulminium diluviale* beschrieben, da er ein Ulmenholz vor sich zu haben glaubte. Erst später erkannte FELIX (1883) die Lauraceen-Natur dieses Restes, was ihn zu einer Umbenennung veranlaßte (vgl. S. 42). Das zunächst unter *Ulminium* beschriebene Stück ist das erste in der Literatur erwähnte Fossil mit den Holzmerkmalen der Lauraceen. Bei strenger Handhabung der Typenmethode müßten danach die fossilen Lorbeerhölzer den Formgattungsnamen *Ulminium* tragen. Der Fall zeigt, welche Verwirrungen entstehen würden, wenn man bei der Namensgebung für Fossilien, die zu rezenten Sippen Beziehungen besitzen, die allgemeinen Nomenklatur-Vorschriften schematisch handhaben würde (vgl. KRÄUSEL 1939). Der vor allem in der älteren Literatur viel gebrauchte und auch von EDWARDS (1931) im Fossilium Catalogus übernommene Gattungsname *Laurinium* wurde erstmals 1845 von UNGER verwendet. Er ist verhaftet mit dem als *Laurinium xyloides* UNGER beschriebenen Rest und strenggenommen nicht für fossile Lorbeerhölzer verwendbar; denn das Typusexemplar ist verschollen und die Beschreibung von UNGER liefert keinerlei Beweise für eine Zugehörigkeit zu den Lauraceen, worauf schon FELIX (1887) und SCHUSTER (1907) hingewiesen haben. Doch ist der Inhalt von Formgattungen vorliegender Art an und für sich durch die Merkmale der rezenten Vergleichsformen schon gegeben (vgl. KRÄUSEL 1939). Obwohl also der von UNGER aufgestellte Gattungsname der ältere ist und nach Lage der Dinge als gültig angenommen werden könnte (vgl. EDWARDS 1931), geben wir, einer sich immer mehr durchsetzenden Gepflogenheit folgend, der Wortbildung mit *-oxylon* den Vorzug. Der Name *Laurinoxylon* FELIX sollte in die Liste der nomina conservanda aufgenommen werden.

2. Beschreibung der einzelnen Formen

Laurinoxylon hasenbergense **sp. nov.**

(Tafel 1–6; Tafel 7, Abb. 1–3)

Von dieser Form befinden sich 47 größere und kleinere Handstücke unter den Funden vom Hasenberg. Dieses umfangreiche Material gestattete es, die Strukturmerkmale in ihrer gesamten Variationsbreite zu erfassen. Die in der Holzbeschreibung angegebenen Zahlenwerte gründen sich deshalb nicht auf Messungen an Einzelstücken, sondern geben immer die ganze Variationsbreite und die Mittelwerte aus allen untersuchten Holzproben wieder. Nur einige besonders auffällige Abweichungen, die als Ausnahmen gefunden wurden, werden bei den Beschreibungen nicht berücksichtigt, sondern im nachfolgenden Text besonders erläutert. Die meisten Stücke konnten durch das Vorhandensein von primärem Xylem mit Sicherheit als Wurzelholz erkannt werden. Die übrigen Proben ließen meist durch ihr verwachsenes, knorriges Aussehen die Herkunft von Wurzeln vermuten. In zahlreichen Fällen konnten Pauciporosa- und Multiporosa-Struktur am gleichen Stück beobachtet werden, so daß die Zusammengehörigkeit dieser beiden Strukturtypen feststeht. Sämtliche Lignite haben ein rötlichbraunes Aussehen, sind sehr gut erhalten und im trockenen Zustand hart und schwer.

a) Holzbeschreibung

Topographie: Zuwachszonen mit dem bloßen Auge nicht sichtbar, bei Pauciporosa-Struktur 0,5–6 mm breit, Grenzen durch 3–7 Reihen in radialer Richtung abgeflachter Holzfaserzellen angedeutet, bei gleichzeitiger radialer Verkürzung der Markstrahlzellen (Taf. 1, Abb. 1, 2), bei Multiporosa-Struktur nur 0,2 bis 0,4 mm breite Zuwachszonen, Zuwachsgrenzen nur durch 1–3 Reihen radial abgeflachter Holzfaserzellen angedeutet, die großen Gefäße oft fast die ganze Breite der Jahresringe einnehmend (Taf. 2, Abb. 1–3). Gefäße im Spätholz etwas enger als im Frühholz, 10–25 je mm² bei Pauciporosa-Struktur, einzeln, zu zweien oder in radialen Reihen von drei und mehr, meist 3–4, vereinzelt bis 8, zerstreut über den ganzen Jahresring (Taf. 1, Abb. 3), gewöhnlich einseitig, seltener beiderseits an Markstrahlen grenzend oder frei im Holzstrahl; meist von unvollständig vasizentrisch angeordnetem Parenchym umgeben, wo Parenchym fehlt, an Holzfaserzellen grenzend; meist ein, selten zwei Gefäße nebeneinander im Holzstrahl; bei Multiporosa-Struktur 30–45 Gefäße je mm² (Taf. 1, Abb. 4), Gefäßreihen hier oft über mehrere Jahresringe hinweg greifend (Taf. 2, Abb. 2). Libriform die Grundmasse des Holzes bildend, im Holzstrahl zu 1—19, meist 2—10 radialen Reihen angeordnet; Interzellularen reichlich vorhanden; bei Multiporosa-Struktur Libriform in seiner Masse durch die zahlreichen Gefäße stark zurückgedrängt. Holzparenchym in paratrachealer Anordnung, meist in 1—3 Schichten um oder an den Gefäßen und gegenüber den die Gefäße berührenden Bereichen der Markstrahlen, sehr vereinzelt im Libriform zerstreut; zu 2—6gliedrigen Holzparenchym-Fasern zusammengesetzt. Markstrahlen deutlich heterogen (Taf. 7, Abb. 1, 3), vereinzelt fast homogen, bei Einreihigkeit gelegentlich nur aus stehenden Zellen; 1—30, meist 1—13 Stockwerke hoch, 1—3, meist 2 Zellen breit, vereinzelt auch vierreihig (Taf. 3, Abb. 2, 4); Markstrahl-Höhe 60—1200, im Mittel 250—390 μ, Breite 12—52, bei Pauciporosa-Struktur im Mittel 20—30 μ, bei Multiporosa-Struktur im Mittel 30—40 μ, Markstrahl-Dichte 6—11 je Millimeter; bei Multiporosa-Struktur Markstrahlen, durch die Lage der Gefäße bedingt, einen gewundenen Verlauf zeigend. Ölidioblasten reichlich an beiden Kanten, seltener in der Mitte der Markstrahlen (Taf. 3, Abb. 1—5; Taf. 7, Abb. 1, 3); die scheinbar einzeln in der Holzmasse liegenden Ölzellen gehören ebenfalls dem parenchymatischen Gewebe an; im Querschnitt erscheinen sie z. T. in lockeren Reihen.

Holzelemente: Einzel-Gefäße im Querschnitt kreisrund bis schwach oval, radialer Durchmesser bei Pauciporosa-Struktur 30—170, im Mittel 70—100 μ, tangentialer Durchmesser 25—130, im Mittel 60—95 μ, Gefäßquotient 1,05—1,16, bei Multiporosa-Struktur radialer Durchmesser 30—230, im Mittel 105—140 μ, Gefäßquotient 1,00—1,17; Wände der Mittelzellen der radialen Gefäßreihen meist gegenseitig abgeflacht, endständige Gefäße im Querschnitt halbkreisförmig; Länge der Gefäßglieder 150—600 μ, mit schrägen Querwänden und einfacher lochförmiger, ovaler Durchbrechung (Taf. 2, Abb. 6; Taf. 4, Abb. 4); Gefäßwände im Mittel 3—4 μ dick; Tangentialwände mit zahlreichen runden bis querovalen, meist alterniert stehenden Hoftüpfeln, mit spaltförmigem oder querovalem bis kreisrundem Porus (Taf. 5, Abb. 1, 2, 5); Radialwände mit zerstreuten Hoftüpfeln (Taf. 5, Abb. 3), Tüpfelhof 5—10 (— 12) μ im Durchmesser, Porus 1—8 μ lang und 1—2 μ breit; zwischen Gefäßen und Markstrahlen zahlreiche vergrößerte, einseitig behöfte, runde bis ovale und langgestreckte, oft unregelmäßig gestaltete Tüpfel (Taf. 2, Abb. 5); Thyllen zahlreich in den Gefäßen, mit kleinen einfachen oder nur schwach behöften Tüpfeln und 2—4 μ dicken Wänden. Libriformzellen faserartig langgestreckt, an beiden Enden zugespitzt und meist gefächert, von quadratischem bis radial abgeflachtem oder ovalem Querschnitt, gelegentlich auch tangential abgeflacht, radialer Durchmesser 5—30, im Mittel 12—18 μ, tangentialer Durchmesser 6—32, im Mittel 14—19 μ; Wanddicke im Mittel 3—4 μ, mit wenigen einfachen Tüpfelkanälen. Holzparenchymzellen aufrechte Prismen von quadratischem bis rechteckigem, oft auch ovalem oder unregelmäßigem Querschnitt, Durchmesser 10—60 mal 5—30 μ und 90—130 μ mittlerer Höhe; Endzellen der Holzparenchym-Fasern zugespitzt (Taf. 3, Abb. 4); Wände 1—2 μ dick, mit kleinen, einfachen Tüpfeln, gegenüber den Gefäßen große runde bis ovale, einseitig behöfte Tüpfel (Taf. 4, Abb. 2, 6; Taf. 5, Abb. 4); viele Zellen mit braunem bis schwarzem Inhalt. Liegende Markstrahlzellen radial gestreckt, bei Pauciporosa-Struktur 20—220, im Mittel 50—115 μ lang (radial), 5—35, im Mittel 11—19 μ breit (tangential), bei Multiporosa-Struktur 20—100, im Mittel 50—60 μ lang, 7—30, im Mittel 13—21 μ breit, Höhe 15—50, im Mittel 25—29 μ; Wanddicke 1—3 μ, mit kleinen einfachen Tüpfeln, Tüpfelung gegenüber den Gefäßen wie oben angegeben. Stehende Markstrahlzellen langgestreckt von 10—60, im Mittel 25—40 μ radialer, 5—30, im Mittel 12—18 μ tangentialer und 20—180, im Mittel 35—75 μ vertikaler Ausdehnung, sonst wie die liegenden Zellen gebaut; die meisten Zellen mit braunem bis schwarzem Inhalt. Ölidioblasten dünnwandig, tüpfellos, meist rechteckig, ± langgestreckt, vereinzelt auch spindelförmig, in radialer Richtung 15—100, im Mittel 40—50 μ, in tangentialer Richtung 10—65, im Mittel 25—32 μ, in der Höhe 30—300, im Mittel 85—130 μ.

Durch die bedeutend größere Anzahl der Gefäße je mm² und die im Durchschnitt größere Gefäßweite macht die Multiporosa-Struktur einen schwammigen Eindruck. Das Libriform

Tabelle 9

Unterschiede in der Merkmalsausbildung bei Pauciporosa- und Multiporosa-Struktur bei *Laurinoxylon hasenbergense* sp. nov. (Schwankungsbreite der Mittelwerte von Einzelproben)

Merkmal	Pauciporosa-Struktur	Multiporosa-Struktur
Zuwachszonen in mm	0,5—6	0,2—0,4
Anzahl der Gefäße je mm²	10—25	30—45
Rad. Durchmesser der Gefäße in μ	70—100	105—140
Breite der Markstrahlen in μ	20—30	30—40
Länge der liegenden Markstrahlzellen in μ	50—115	50—60
Breite der liegenden Markstrahlzellen in μ	11—19	13—21

tritt zugunsten der Gefäße sehr stark in seiner Masse zurück. Bei Pauciporosa-Struktur mit breiten Zuwachszonen bilden die Libriformfasern eindeutig die Grundmasse des Holzes. Aus Tabelle 9, in der die auffälligsten Merkmalsunterschiede in ihrer Abhängigkeit von der Zuwachsbreite einander gegenübergestellt sind, ist ersichtlich, daß bei Multiporosa-Struktur mit engen Zuwachszonen bedeutend mehr Gefäße je mm², ein größerer Gefäßdurchmesser, breitere Markstrahlen und längere und breitere liegende Markstrahlzellen ausgebildet werden als bei Pauciporosa-Struktur.

Jedoch ist diese Abhängigkeit der Merkmalsausbildung von der Zuwachsbreite nur im einigermaßen normal gewachsenen Holz vorhanden. In verwachsenen Holzzonen treten bei einigen Merkmalen beträchtliche Abweichungen auf.

b) Anomaler Holzbau

Einen sehr auffälligen Sonderfall zeigt das bereits erwähnte Fundstück Wiesa 2 (S. 11, Textabb. 2d); es handelt sich wahrscheinlich um ein Wurzelholz. Bei der Trocknung oder schon während der Fossilisierung wurde der normal gewachsene Holzteil teilweise vom knorrig verwachsenen abgesprengt. Letztere Holzzone weist, obwohl ebenfalls von Pauciporosa-Struktur, bedeutend höhere und breitere Markstrahlen und zahlreiche Knäuelbildungen auf. Im normal gewachsenen Holz beträgt die durchschnittliche Breite der Markstrahlen 27 μ, die durchschnittliche Höhe 250 μ, im verwachsenen Holz die Breite im Mittel 40 μ und die Höhe 435 μ. Bei letzterem überwiegen auch die dreireihigen Markstrahlen beträchtlich gegenüber den zweireihigen; die vierreihigen, die in der normal gewachsenen Holzzone nicht gefunden wurden, kommen zahlreich vor (Taf. 3, Abb. 3). Hier spielt wahrscheinlich ein physiologischer Faktor eine Rolle; dieser Holzteil diente vermutlich vor allem der Stoffspeicherung.

Einen entgegengesetzten Fall fanden wir bei Fundstück Wiesa 16. Hier zeigt die verwachsene Zone neben niedrigeren Markstrahlen auch im Mittel engere Gefäße (normal gewachsene Holzzone: 100 μ mittlere Gefäßweite, 305 μ mittlere Markstrahlhöhe, -verwachsene Holzzone: 84 μ mittlere Gefäßweite, mittlere Markstrahlhöhe 210 μ). In dieser Probe treten die wasserleitenden, sowie die speichernden Elemente zugunsten der der Festigung dienenden stark zurück.

Fundstück Wiesa 1, ein 7 × 5 cm dickes Wurzelstück von etwa 20 cm Länge (Textabb. 2a), besitzt neben einem Multiporosa-Anteil zwei vor allem in der Markstrahlhöhe voneinander abweichende Teile mit Pauciporosa-Struktur. Während die eine Holzzone vollkommen dem schon beschriebenen Normalfall entspricht, zeigt die andere leicht verwachsene, im Mittel nur 170 μ hohe Markstrahlen. Etwa 60% davon werden allein von einreihigen gebildet (Taf. 3, Abb. 1, 2).

Bei Multiporosa-Struktur zeigen die Stücke Wiesa 5 und Wiesa 9 in der Markstrahlausbildung erhebliche Abweichungen von der Norm. Wenn die Holzstücke keine Anteile mit Pauciporosa-Struktur enthielten, die völlig den übrigen Holzproben entsprechen, hätte man ohne weiteres auf eine besondere Form geschlossen. Im Multiporosa-Anteil beträgt hier die Breite der Markstrahlen 12–65 μ, bei Fundstück Wiesa 5 im Mittel 26 μ, bei Fundstück Wiesa 9 im Mittel 39 μ, die Höhe 120–1300, im Mittel 530 μ; sie sind 1–48 Stockwerke hoch und 1–4reihig, wobei die 2- und 3reihigen bei Fundstück Wiesa 5 sich die Waage halten und bei Fundstück Wiesa 9 die 3reihigen überwiegen (Taf. 3, Abb. 5). Vermutlich gehören diese beiden Fundstücke zu einer einzigen Wurzel; ihr Äußeres läßt darauf schließen, daß sie wohl erst bei der Bergung in zwei Stücke zerbrochen sind.

Bei den Mittelwerten für den radialen Gefäßdurchmesser bei Multiporosa-Struktur findet man nicht wie bei der Pauciporosa-Struktur fließende Übergänge, sondern eine zweigipfelige Verteilungskurve. Der größte Teil der Holzstücke hat Mittelwerte von 105 bis 115 μ, eine kleinere Gruppe solche von 130 bis 140 μ. Dazwischen gibt es keine Übergangsformen. Das rührt vielleicht daher, daß die Stücke von Wurzeln verschiedener Tiefenlage oder zumindest von weit vom Stamm entfernt liegenden Wurzeln stammen. RIEDL (1937) hat an Eiche festgestellt, daß die Gefäßweiten auf jeden Fall zunehmen, wenn man die Messung nur weit genug vom Stamm entfernt vornimmt. POHL (1926) beobachtete an Wurzeln von Dränagezöpfen bedeutend weitere Gefäße als im übrigen Wurzelholz. Es kann angenommen werden, daß in Wurzelbereichen verschiedener Wasserzügigkeit solche Unterschiede auftreten können. Schließlich hat LIESE (1924) eine Tabelle veröffentlicht, aus der hervorgeht, daß mit zunehmender Tiefe das Speicherungsgewebe stark zunehmen kann. Alle diese angeführten Beobachtungen sprechen dafür, daß die vorliegenden, in ihrer Multiporosa-Struktur vom Normalfall abweichenden Hölzer nur gelegentliche Struktur-Varianten der gleichen Form darstellen. Wie aus Tabelle 10 hervorgeht, weisen vor allem die verwachsenen Holzzonen oft

Tabelle 10

Höhe und Breite der Markstrahlen bei Pauciporosa- und Multiporosa-Struktur bei einigen abweichend gebauten, verwachsenen Proben von *Laurinoxylon hasenbergense* sp. nov.

Fundstücke Wiesa	Höhe der Markstrahlen in μ		Breite der Markstrahlen in μ	
	Paucip.-Str.	Multip.-Str.	Paucip.-Str.	Multip.-Str.
Normalfall	250—390		20—30	30—40
1	170	—	—	—
2	435	—	40	—
5, 9	—	530	—	—
16	210	—	—	—

große Abweichungen vom Normalfall auf; die Abhängigkeit der Merkmalsausbildung von der Zuwachsbreite kann sich dabei vollkommen verändern. Die Markstrahlen, besonders ihre mittlere Höhe, unterliegen von allen Merkmalen der größten Veränderung. Zwischen den festgestellten Extremfällen von 170 μ bei Pauciporosa-Struktur und 530 μ mittlerer Höhe bei Multiporosa-Struktur bestehen alle Übergänge. Hieraus ergibt sich, daß bei Lorbeerhölzern der Höhe der Markstrahlen kein diagnostischer Wert zukommt, vielleicht noch weniger als der Breite. Zu der gleichen Ansicht gelangten auch STERN (1954) und E. SCHÖNFELD (1956).

c) Das primäre Xylem

Das primäre Xylem (Wurzelmark) hat eine $\pm$ kreisrunde Form, und der Durchmesser schwankt bei den verschiedenen Wurzelstücken von 0,4 bis 1 mm. Es wird von zahlreichen, meist flachgedrückten Libriformzellen, einigen Parenchymzellen und primären Gefäßen gebildet. Letztere sind jedoch nur vereinzelt besonders im Längsschnitt zu erkennen. Die Längswände der 20—35 μ weiten Gefäße sind mit runden, etwa 5 μ im Durchmesser großen Hoftüpfeln mit querovalem Porus besetzt. Die Art der Durchbrechung war nicht feststellbar. Die Parenchymzellen haben gegenüber den Gefäßen die gleiche Tüpfelung wie im sekundären Holz.

Die Holzzone unmittelbar um das primäre Xylem hat bedeutend zahlreichere und engere Gefäße. Nach außen geht das Holz allmählich in Holz von Pauciporosa- oder Multiporosa-Struktur über (Taf. 4, Abb. 1).

d) Bestimmung

Der Vergleich mit rezenten Lauraceen ergab, daß vorliegendes Holz, abgesehen von dem dünnwandigeren Libriform und den schmaleren Markstrahl-Kantenzellen, gute Übereinstimmung mit *Nectandra coriacea* (SW.) GRISEB. aufweist. SCHUSTER (1907) bezeichnete die

Dickwandigkeit des Libriforms als charakteristisches Merkmal für die Gattung *Nectandra* ROLAND. RECORD u. HESS (1942) geben aber für *Nectandra* dünne bis dicke Wände an. Es ist also nicht ausgeschlossen, daß vorliegendes Holz Beziehungen zur Gattung *Nectandra* hat. Nach RECORD u. HESS sind die *Nectandra*-Hölzer einigen Arten von *Ocotea, Aniba* und *Phoebe* so ähnlich, daß eine Trennung bis jetzt noch nicht möglich ist. Der Vergleich mit den von JANSSONIUS (1928 u. 1930) beschriebenen Arten ergab eine Ähnlichkeit mit *Dehaasia pugerensis* KOORD. et VALET und *D. acuminata* KOORD. et VALET. Hier sind nur die Libriformfasern etwas enger und die liegenden Markstrahlzellen niedriger.

Mit einer bis jetzt beschriebenen rezenten Art konnte vorliegendes Holz nicht identifiziert werden. Jedoch sind von den ungefähr 1000 heute lebenden Lauraceen-Arten nur ein geringer Teil holzanatomisch untersucht, so daß es vorläufig mehr oder weniger dem Zufall überlassen bleibt, ob ein fossiles Holz mit einer rezenten Art in Übereinstimmung gebracht werden kann.

Der Vergleich mit schon beschriebenen fossilen Lauraceenhölzern ergab, daß vorliegendes Holz weitgehend dem *Laurinoxylon nectandroides* KRÄUSEL et SCHÖNFELD (1924) ähnelt. Letzteres hat jedoch keine radialen Reihen aus drei und mehr Gefäßen, bedeutend dickere Libriformfaserwände und breitere Markstrahlkantenzellen. *Laurinoxylon ehrendorferi* BERGER (1953) weist ebenfalls Ähnlichkeit mit vorliegendem Holz auf. BERGER gibt leider selten Mittelwerte, sondern in vielen Fällen nur Maximumwerte an. Jedoch schreibt er, daß „. . . bei *Laurinoxylon nectandroides* die Gefäße wesentlich enger . . .“ sind. Da in der Gefäßweite zwischen *Laurinoxylon nectandroides* und vorliegender Form kein Unterschied besteht, muß man annehmen, daß unser Holz mit *L. ehrendorferi* nicht identisch ist. Bei BERGERs Art besteht außerdem die Tendenz zu aliformem Parenchym. *Laurinoxylon bakeri* BERRY kommt unserer Form ebenfalls nahe. Aus der Abbildung bei BERRY (1924; Taf. 17, Abb. 2) geht hervor, daß wir hier wahrscheinlich eine Multiporosa-Struktur vor uns haben. Dieses Holz hat nach der Beschreibung von BERRY (1924) keine Ölidioblasten. Die liegenden Zellen der Markstrahlen sind nur 16 μ und die Kantenzellen nur 32 μ hoch. Letztere beiden Merkmale scheinen für die Artabgrenzung besonderen Wert zu besitzen. Außerdem besitzt *Laurinoxylon bakeri* BERRY vertikale Verbindungszellen der Markstrahlen, die eine Verbindung übereinanderliegender Markstrahlen herstellen (BERRY 1924; Taf. 17, Abb. 3, 4), die in vorliegendem Fall in dieser Ausbildung nicht gefunden wurden.

Laurinoxylon linderoides E. SCHÖNFELD (1933) weicht vor allem durch die bedeutend größere Höhe der liegenden Markstrahlzellen ab. Außerdem besitzt es sehr zahlreiche Markstrahlen und im Mittel weitere Libriformfasern. Wenn auch letztere Merkmale für die Diagnostik keinen besonders großen Wert zu besitzen scheinen, so ist doch der Unterschied zu auffallend, um ihn unerwähnt zu lassen. Bei *Laurinoxylon parenchymatosum* E. SCHÖNFELD (1956) besitzen die kleineren Gefäße Spiralverdickungen, die Höhe der liegenden Markstrahlzellen beträgt nur 15 μ im Mittel, das Holzparenchym ist in tangentialen Bändern angeordnet, Ölidioblasten sind nicht vorhanden. Es käme noch *Laurinoxylon aromaticum* FELIX (1884) für einen Vergleich in Betracht; jedoch hat es meist weitere Gefäße (170 × 130 μ). Bei dem hier beschriebenen Holz handelt es sich also um eine neue Form. Es soll nach dem Fundort, dem Hasenberg bei Wiesa,

Laurinoxylon hasenbergense sp. nov.

benannt werden.

Diagnose: Sekundäres Wurzelholz der Formgattung *Laurinoxylon* FELIX mit Pauciporosa- und Multiporosa-Struktur, Zuwachszonen vorhanden, Gefäße bei Pauciporosa-Struktur 30—170, im Mittel 70—100 μ, bei Multiporosa-Struktur 30—200, im Mittel 105 bis 140 μ weit, die runden bis schwach ovalen Gefäße meist einzeln, z. T. in radialen Reihen zu 3—4 (—8), mit einfacher Perforation, tangentiale Gefäßwände mit zahlreichen, alternierend stehenden Hoftüpfeln, zwischen Gefäßen und Markstrahlen einseitig behöfte, vergrößerte Tüpfel, Wanddicke der Libriformfasern im Mittel 3—4 μ, Holzparenchym spärlich, vasizentrisch, Markstrahlen zahlreich, deutlich heterogen, meist 1 bis 3 Zellen breit und 1—48 Stockwerke hoch, mittlere Höhe der liegenden Markstrahlzellen 25—29 μ, Ölidioblasten zahlreich.

Typus: Stück Wiesa 1 mit Schnittpräparaten 1a—f: Textabb. 2a, f; Taf. 2 Abb. 1, 4, 6; Taf. 3 Abb. 1, 2; Taf. 5 Abb. 1. Sammlung der Arbeitsstelle für Paläobotanik und Kohlenkunde der Deutschen Akademie der Wissenschaften zu Berlin. — Weiteres Material Stücke Wiesa 2—18 mit 16 Schnittpräparaten: Textabb. 2b—e; Taf. 1 Abb. 1—4; Taf. 2 Abb. 2, 3, 5; Taf. 3 Abb. 3—5; Taf. 4 Abb. 1 bis 6; Taf. 5 Abb. 2—5; Taf. 7 Abb. 1—3. Aufbewahrung in der gleichen Sammlung.

Fundort: Hasenberg bei Wiesa unweit Kamenz (Sachsen).

Alter: Mittel- bis oberoligozäner Ton.

Laurinoxylon bergeri sp. nov.

(Taf. 6, Abb. 1, 2; Taf. 7, Abb. 6, 7)

Diese Form ist mit 2 Fundstücken vertreten. Eines davon konnte durch das Vorhandensein von primärem Xylem mit Sicherheit als Wurzelholz erkannt werden. Jedoch ist auch das andere seinem Aussehen nach als Wurzelrest anzusehen. Das größere Stück (Wiesa 50), 27 cm lang und 5 cm im Durchmesser, besitzt nur Pauciporosa-Bau, das kleinere (Wiesa 51), 15 cm lang und etwa 5 cm im Durchmesser, auch Multiporosa-Struktur. Die Lignite haben eine rötlichbraune Färbung, sind gut erhalten und im trockenen Zustand sehr hart.

a) Holzbeschreibung

Topographie: Zuwachszonen bei Pauciporosa-Struktur 1—2 mm breit, oft von exzentrischem oder leicht welligem Verlauf, von 3—6 Reihen radial flachgedrückter Holzfaserzellen und radial verkürzter Markstrahlzellen markiert (Taf. 6, Abb. 1, 2;) bei Multiporosa-Struktur nur 0,2—0,3 mm breite Zuwachszonen, ihre Grenzen durch 2—3 Reihen flachgedrückter Holzfaserzellen gebildet, ein Gefäß oft die ganze Breite des Jahresringes einnehmend. Gefäße im Frühholz etwas weiter als im Spätholz; bei Pauciporosa-Struktur 8—10 Gefäße je mm^2, meist einzeln oder in radialen Reihen zu 2, seltener zu 3 und 4, gleichmäßig über den Jahresring verstreut (Taf. 6, Abb. 1, 2); gewöhnlich einseitig oder beiderseits an Markstrahlen anliegend, selten frei im Holzstrahl; meist mit tangential verbreitertem Holzparenchym umgeben, wo Parenchym fehlt, Gefäß an Holzfaserzellen grenzend; bei Multiporosa-Struktur 20—22 Gefäße je mm^2. Libriform die Grundmasse des Holzes bildend; im Holzstrahl in 1—12, meist 3—8, nicht immer deutlichen radialen Reihen angeordnet; Interzellularen reichlich; bei Multiporosa-Struktur Libriform in seiner Masse zurücktretend, im Holzstrahl in 1—18, meist 3—11 radialen Reihen. Holzparenchym in paratrachealer Anordnung mehr oder weniger reichlich um die Gefäße und gegenüber den die Gefäße berührenden Bereichen der Markstrahlen (Taf. 6, Abb. 1), ganz vereinzelt zerstreut im Libriform, zu 2—10 gliedrigen Holzparenchymfasern zusammengesetzt; bei Multiporosa-Struktur oft terminales Holzparenchym. Markstrahlen deutlich heterogen, selten fast homogen; einige einreihige Markstrahlen nur aus stehenden Zellen gebildet; 1—25, meist 1—8 Stockwerke hoch, 1—4, meist 1—3 Zellen breit (bei Multiporosa-Struktur 1—3, meist 2 Zellen breit); Markstrahlhöhe 25—800, im Mittel 200—230 μ, Breite 7—40, im Mittel 25 μ, Markstrahldichte 9—11 je mm (Taf. 7, Abb. 6, 7); Markstrahlen im Querschnitt stets einen durch die Lage der Gefäße bedingten geschlängelten Verlauf zeigend. Ölidioblasten reichlich an beiden Kanten, an der Seite oder in der Mitte der Markstrahlen (Taf. 7, Abb. 6, 7), einige scheinbar in der Holzmasse verstreut; im Querschnitt erscheinen sie z. T. in lockeren Reihen (Taf. 6, Abb. 1).

Holzelemente: Einzel-Gefäße meist als ovale, stark radial gestreckte Zylinder, seltener mehr oder weniger kreisrund, radialer Durchmesser bei Pauciporosa-Struktur 30—180, im Mittel 110 μ, tangentialer Durchmesser 30—130, im Mittel 80 μ, mittlerer Gefäßquotient 1,38; bei Multiporosa-Struktur radialer Durchmesser 30—160, im Mittel 105 μ, tangentialer Durchmesser 30—135, im Mittel 87 μ, mittlerer Gefäßquotient 1,21; Wände der Mittelzellen radialer Gefäßreihen meist gegeneinander abgeflacht, endständige Gefäße mit halbkreisförmigem Querschnitt; Länge der Gefäßglieder 120—500 μ, mit schrägen Querwänden und einfacher lochförmiger, ovaler Durchbrechung; Längswände im Mittel 2—3 μ dick; Tangentialwände mit zahlreichen rundlichen oder querovalen, meist alternierend stehenden Hoftüpfeln besetzt, mit spaltenförmigem oder querovalem bis rundem Porus; Radialwände spärlicher getüpfelt; Durchmesser der Tüpfelhöfe 5—7,5 μ, Porus 1,2—2,5 μ lang und 1,2—2 μ hoch; zwischen Gefäßen und Markstrahlen zahlreiche vergrößerte, einseitig behöfte, runde bis langgestreckte, oft unregelmäßig gestaltete Tüpfel; Thyllen zahlreich in den Gefäßen, mit kleinen einfachen oder sehr schwach behöften Tüpfeln. Libriformzellen faserartig langgestreckt, an beiden Enden zugespitzt, 2—4mal gefächert, von quadratischem bis ovalem, auch radial oder tangential abgeflachtem Querschnitt; radialer Durchmesser 5—25, im Mittel 14—15 μ, tangentialer Durchmesser 5—25, im Mittel 13—16 μ, Wanddicke 1,5—5, im Mittel 2,5 μ, mit wenigen einfachen Tüpfelkanälen. Holzparenchymzellen aufrechte Prismen von quadratischem bis rechteckigem, oft auch ovalem oder unregelmäßigem Querschnitt; Durchmesser 15—35 × 5—20 μ, Höhe 45—150, im Mittel 100 μ; Endzellen der Holzparenchym-Fasern an den Enden zugespitzt; Wände 1—2,5, im Mittel 1,5 μ dick, mit kleinen einfachen Tüpfeln; gegenüber den Gefäßen runde bis ovale, einseitig behöfte Tüpfel mit rundem bis ovalem Porus. Liegende Markstrahlzellen radial gestreckt, bei Pauciporosa-Struktur 25—230, im Mittel 100—130 μ lang (radial), bei Multiporosa-Struktur 20—105, im Mittel 60 μ lang, 5—25, im Mittel 12—13 μ breit (tangential) und 15—45, im Mittel 21—23 μ hoch (Taf. 7, Abb. 6, 7); Wände meist 1,5 μ dick, mit kleinen einfachen Tüpfeln, Tüpfelung gegenüber den Gefäßen wie oben angegeben. Stehende Markstrahlzellen langgestreckt von 12—50, im Mittel 25 μ radialer, 7—22, im Mittel 15 μ tangentialer und 20—90, im Mittel 42 μ vertikaler Ausdehnung; sonst wie die liegenden Zellen gebaut; Zellen oft mit braunem bis schwarzem Inhalt. Ölidioblasten dünnwandig, tüpfellos, im Längsschnitt meist rechteckig, mehr oder weniger langgestreckt, vereinzelt auch spindelförmig; in radialer Richtung 25—75, im Mittel 50 μ, in tangentialer 15—40, im Mittel 25 μ, Höhe bei Pauciporosa-Struktur 50—250, im Mittel 110 μ, bei Multiporosa-Struktur 55—120, im Mittel 70 μ.

Bei Multiporosa-Struktur bildet diese Form mehr Gefäße je mm² aus, und der radiale Durchmesser ist im Mittel etwas geringer, der tangentiale Durchmesser etwas weiter. Dies drückt sich deutlich im Gefäßquotienten aus. Bei Pauciporosa-Struktur werden stärker

Tabelle 11

Unterschiede in der Merkmalsausbildung bei Pauciporosa- und Multiporosa-Struktur bei *Laurinoxylon bergeri* sp. nov. (Mittelwerte)

Merkmal	Pauciporosa-Struktur	Multiporosa-Struktur
Zuwachszonen in mm	1—2	0,2—0,3
Anzahl der Gefäße je mm²	8—10	20—22
Radialer Durchmesser der Gefäße in μ	110	105
Gefäßquotient	1,38	1,21
Länge der liegenden Markstrahlzellen in μ	100—130	60

radial gestreckte, ovale Gefäße angelegt. Eine Ausnahme machen die verwachsenen Holzzonen mit Pauciporosa-Struktur. Holz von Multiporosa-Struktur bildet an den Jahresringgrenzen häufig terminales Parenchym, das bei Pauciporosa-Struktur fehlt. In Tabelle 11 sind die auffälligsten Merkmalsunterschiede bei Pauciporosa- und bei Multiporosa-Struktur einander gegenübergestellt. Die Mittelwerte der übrigen Merkmale zeigen keine größeren Verschiedenheiten.

b) Anomaler Holzbau

Am Fundstück Wiesa 50 konnten, wie aus Tabelle 12 ersichtlich, erhebliche Abweichungen von der normalen Pauciporosa-Struktur nachgewiesen werden. Die Holzzonen des einen,

Tabelle 12

Unterschiede in der Merkmalsausbildung im verwachsenen Holz gegenüber dem Normalzustand bei *Laurinoxylon bergeri* sp. nov. (Mittelwerte)

Fundstück Wiesa 50	Radialer Durchmesser der Gefäße in μ	Gefäß-quotient	Markstrahlen	
			Breite in μ	Höhe in μ
Normale Holzzone	110	1,38	25	200—230
Verwachsene Holzzone	87	1,27	17	170

leicht verwachsenen Endes des ca. 28 cm langen Wurzelstückes bilden bedeutend engere Gefäße aus. Der radiale Gefäßdurchmesser beträgt hier nur 35—140, im Mittel 87 μ, der tangentiale 35—105, im Mittel 72 μ; der mittlere Gefäßquotient beträgt 1,27. Die Markstrahlen sind im Mittel nur 17 μ breit und 170 μ hoch (Taf. 7, Abb. 6); Breite und Höhe sind also bedeutend geringer als in den normal gebauten Holzzonen. Die Breite der Markstrahl-Mittelzellen ist im Durchschnitt ebenfalls etwas geringer (10 μ).

c) Bestimmung

Vorliegendes Holz zeigt weitgehende Übereinstimmung mit dem von JANSSONIUS (1928 u. 1930) beschriebenen Holz von *Lindera polyantha* BOERL. Lediglich die liegenden Markstrahlzellen sind bei letzterem niedriger. Da aber dieses Merkmal bei Lauraceenhölzern wahrscheinlich für die Diagnostik besonders wichtig ist, können die Fossilien kaum mit dieser Art verglichen werden. Auch das Querschnittsbild von *Aniba ovalifolia* MEZ. in der Arbeit von STERN (1954) zeigt Ähnlichkeit mit unseren Holzresten. Nach der kurzen Beschreibung bei STERN sind bei *Aniba ovalifolia* keine Zuwachszonen zu unterscheiden, und die Gefäße haben leiterförmige Perforationen. Die Form scheidet daher zum näheren Vergleich aus.

Mit *Laurinoxylon hasenbergense* sp. nov. besteht ziemliche Übereinstimmung. Vorliegende Form unterscheidet sich jedoch durch die etwas weiteren und im Querschnitt auffallend ovalen Gefäße, durch die niedrigeren liegenden Markstrahlzellen und die dünneren Libriformfaserwände. Ähnlichkeit ist ferner vorhanden mit *Laurinoxylon nectandroides* KRÄUSEL et SCHÖNFELD (1924), *L. ehrendorferi* BERGER (1953), *L. bakeri* BERRY (1924), *L. linderoides* E. SCHÖNFERD (1933) und *L. aromaticum* FELIX (1884). Für eine Trennung von diesen Formen sprechen indes die gleichen Gründe, wie sie in der vorigen Beschreibung für die Trennung von *Laurinoxylon hasenbergense* sp. nov. angegeben wurden (siehe dort).

Vorliegendes Holz wird als eigene Form angesehen und nach dem verdienstvollen Betreuer der Fundstelle am Hasenberg, Dr. med. K. BERGER in Kamenz/Sa.,

Laurinoxylon bergeri sp. nov.

benannt.

Diagnose: Sekundäres Wurzelholz der Formgattung *Laurinoxylon* FELIX mit Pauciporosa- und Multiporosa-Struktur, Zuwachszonen vorhanden, Gefäße bei Pauciporosa-Struktur 30—180, im Mittel 110 μ, bei Multiporosa-Struktur 30—160, im Mittel 105 μ weit, die auffällig ovalen Gefäße meist einzeln, wenig zur radialen Reihenbildung neigend, Perforation einfach, Tangentialwände der Gefäße mit zahlreichen alternierend stehenden Hoftüpfeln, zwischen Gefäßen und Markstrahlen einseitig behöfte, vergrößerte Tüpfel, Wanddicke der Libriformfasern im Mittel 2,5 μ, Holzparenchym reichlich, vasizentrisch, Markstrahlen zahlreich, deutlich heterogen, meist 1—3 Zellen breit und 1—25 Stockwerke hoch, mittlere Höhe der liegenden Markstrahlzellen 21—23 μ, Ölidioblasten zahlreich.

Typus: Stück Wiesa 50 mit Schnittpräparaten 50 a—g: Taf. 6, Abb. 1, 2; Taf. 7 Abb. 6, 7. Sammlung der Arbeitsstelle für Paläobotanik und Kohlenkunde der Deutschen Akademie der Wissenschaften zu Berlin. — Weiteres Material Stück Wiesa 51 in der gleichen Sammlung.
Fundort: Hasenberg bei Wiesa unweit Kamenz (Sachsen).
Alter: Mittel- bis oberoligozäner Ton.

Laurinoxylon endiandroides sp. nov.

(Taf. 6, Fig. 3—5; Taf. 7, Abb. 4)

Diese Form ist nur in einem Fundstück nachgewiesen worden. Durch das vorhandene primäre Xylem konnte es als Wurzelholz erkannt werden. Das Holzstück ist etwa 20 cm lang und mißt 7 cm im Durchmesser; es weist ausschließlich Pauciporosa-Struktur auf. Das Stück zeigt gute lignitische Erhaltung, ist von rötlichbrauner Färbung, im trockenen Zustand hart, jedoch leichter als die anderen Fundstücke vom Hasenberg.

a) Holzbeschreibung

Topographie: Zuwachszonen mit dem bloßen Auge nicht sichtbar, etwa 1 mm breit, ihre Grenzen nur durch 2—4 radial abgeflachte Holzfaserzellen und einige stark radial verkürzte Markstrahlzellen angedeutet. Gefäße (Taf. 6, Abb. 3, 4) des Früh- und Spätholzes in der Größe nur unwesentlich verschieden; etwa 10 Gefäße je mm², meist einzeln, in radialen Reihen von 2 oder seltener von 3—4 (— 6), gleichmäßig über den ganzen Jahresring verstreut, Endglieder der Gefäßreihen oft enger werdend, z. T. bis zur Größe von Parenchymzellen; Gefäße meist frei im Holzstrahl oder auf einer, selten auf beiden Seiten an Markstrahlen grenzend, meist eines, selten zwei Gefäße nebeneinander im Holzstrahl. Libriform die Grundmasse des Holzes bildend, im Holzstrahl zu 1—13, meist 1—8, mehr oder weniger unregelmäßigen radialen Reihen angeordnet; Interzellularen zahlreich vorhanden. Holzparenchym sehr reichlich, paratracheal angeordnet, meist tangential verbreitert (aliform), in einigen Fällen zusammenfließend (confluent) und die Gefäße miteinander verbindend (Taf. 6, Abb. 3, 4); zu 2—6gliedrigen Holzparenchym-Fasern zusammengesetzt. Markstrahlen (Taf. 6, Abb. 5; Taf. 7, Abb. 4), deutlich heterogen, 1—28, meist 1—12 Stockwerke hoch, 1—3 (—4), meist 2 Zellen breit, Markstrahlhöhe 85—620, im Mittel 270 μ, Breite 10—60, im Mittel 28 μ, Markstrahldichte 9—11 je mm²; Markstrahlen meist einen geraden Verlauf zeigend, auch wo an Gefäßen anliegend höchstens schwach gewellt. Ölidioblasten (Taf. 6, Abb. 3—5; Taf. 7, Abb. 4) außerordentlich zahlreich an den Kanten der Markstrahlen, in der Mitte oder seitwärts angelagert und im Holzparenchym, einige scheinbar in der Holzmasse verstreut, im Querschnitt oft perlschnurartig hintereinander gereiht, charakteristisches poröses Aussehen der Schnitte infolge des Reichtums an Ölzellen in Verbindung mit dem zahlreichen Holzparenchym.

Holzelemente: Einzel-Gefäße meist als ovale, in radialer Richtung gestreckte oder auch mehr oder weniger kreisrunde Zylinder von 30 bis 135, im Mittel 90 μ radialer Weite und 30—90, im Mittel 67 μ tangentialer Weite, mittlerer Gefäßquotient 1,27; Wände der Mittelzellen der radialen Gefäßreihen meist gegeneinander abgeflacht, endständige Gefäße mit halbkreisförmigem Querschnitt; Länge der Gefäßglieder 200—400 μ, mit schrägen Querwänden und einfacher lochförmiger, ovaler Durchbrechung, Längswände im Mittel etwa 2 μ dick; Tangentialwände mit zahlreichen rundlichen oder querovalen, meist alternierend stehenden Hoftüpfelnd mit querovalem bis rundem Porus, Radialwände spärlicher getüpfelt, Tüpfelhof 7,5 × 6—7,5 μ im Durchmesser, Porus 1,5 × 2,2 μ im Durchmesser; zwischen Gefäßen und Markstrahlen zahlreiche vergrößerte, einseitig behöfte, runde bis langgestreckte, oft unregelmäßig gestaltete Tüpfel; Thyllen zahlreich in den Gefäßen, mit kleinen einfachen oder sehr schwach behöften Tüpfeln. Libriformzellen faserartig langgestreckt, 2—5mal gefächert, von quadratischem bis ovalem, gelegentlich auch radial und tangential abgeflachtem Querschnitt, radialer Durchmesser 7,5—28, im Mittel, 15 μ tangentialer 10—20, im Mittel 15 μ; Wanddicke 1,2—5, im Mittel 2,5 μ, mit wenigen einfachen Tüpfelkanälen. Holzparenchymzellen aufrechte Prismen von quadratischem bis rechteckigem, zuweilen auch unregelmäßigem Querschnitt, 10—27 × 10—20 μ im Durchmesser, 85—135, im Mittel 115 μ hoch; Endzellen der Holzparenchym-Fasern an den Enden zugespitzt; Wände 1—1,5 μ dick, mit kleinen einfachen Tüpfeln, gegenüber den Gefäßen runde bis ovale, einseitige Hoftüpfel. Liegende Markstrahlzellen radial gestreckt, 25—130, im Mittel 65 μ lang (radial), 10—23, im Mittel 17 μ breit (tangential), 16—36, im Mittel 26 μ hoch; Wände mit kleinen einfachen Tüpfeln, Tüpfelung gegenüber Gefäßen wie oben angegeben; Wände etwa 1,5 μ dick. Stehende Markstrahlzellen langgestreckt von 15 bis 55, im Mittel 31 μ radialer, 7,5—20, im Mittel 17 μ tangentialer und 30—165, im Mittel 60 μ vertikaler Ausdehnung, sonst wie die liegenden Zellen gebaut; Markstrahlzellen oft mit braunem bis schwarzem Inhalt. Ölidioblasten dünnwandig, tüpfellos, im Längsschnitt rechteckig oder spindel- bis blasenförmig, radiale Erstreckung 35—67, im Mittel 48 μ, tangentiale 25—52, im Mittel 33 μ, Höhe 55—310, im Mittel 130 μ.

b) Bestimmung

Das vorliegende Holz hat auffallende Ähnlichkeit mit dem von STERN (1954) beschriebenen Holz von *Endiandra glauca* R. BR. Bei der schwierigen Unterscheidbarkeit der Lauraceenarten ist es jedoch möglich, daß eine derartig knappe Darstellung ohne Abbildungen, wie STERN sie gibt, für mehrere Arten, wenn nicht gar für mehrere Gattungen zutreffen kann. Auf Grund der nur sehr kurzen Beschreibung kann man das Fossil kaum mit Bestimmtheit jener Art zuordnen.

Vorliegendes Holz ist mit großer Wahrscheinlichkeit zu einer eigenen Form zu stellen. Wenn auch sämtliche Meßwerte für die einzelnen Merkmale in die Variationsbreite der Holzreste von *Laurinoxylon hasenbergense* sp. nov. fallen, so ist das sehr reichliche aliforme bis confluente Parenchym in Verbindung mit den sehr zahlreichen Ölidioblasten in keinem anderen Fundstück des Hasenberges aufgetreten. Da man der Anordnung des Parenchyms aber großen diagnostischen Wert zubilligen muß, kann das Stück nicht mit *Laurinoxylon hasenbergense* sp. nov. vereinigt werden. Von schon beschriebenen fossilen Hölzern steht es *Laurinoxylon ehrendorferi* BERGER (1953) in der Anordnung des Holzparenchyms (mäßig reichlich) und der Ölidioblasten am nächsten. Die Gefäße erreichen dort jedoch Weiten bis 200 μ und sind tangential verbreitert; im vorliegenden Holz kommen dagegen nur Weiten bis 135 μ vor. Bei *Laurinoxylon parenchymatosum* E. SCHÖNFELD (1956), mit Holzparenchym in tangentialen Bändern, besitzen die kleineren Gefäße Spiralverdickungen, die Höhe der liegenden Markstrahlen beträgt nur 15 μ, Ölidioblasten sind keine vorhanden. Andere fossile Lorbeerhölzer, wie *Laurinoxylon nectandroides* KRÄUSEL et SCHÖNFELD (1924), *L. linderoides* E. SCHÖNFELD (1933) und *L. bakeri* BERRY (1924), die in ihren Maßen dem vorliegenden Holz nahestehen, zeigen nur spärlich Holzparenchym um die Gefäße. Wegen der Ähnlichkeit mit *Endiandra glauca* R. BR. wird das Holz

Laurinoxylon endiandroides sp. nov.

benannt.

Diagnose: Sekundäres Wurzelholz der Formgattung *Laurinoxylon* FELIX mit Pauciporosa-Struktur, Zuwachszonen vorhanden, Gefäße 30—135, im Mittel 90 μ weit, im Querschnitt rund bis oval, meist einzeln, Neigung zur radialen Reihenbildung gering, Gefäßperforation einfach, Tangentialwände der Gefäße mit zahlreichen alternierend stehenden Hoftüpfeln, zwischen Gefäßen und Markstrahlen einseitig behöfte, vergrößerte Tüpfel, Wandstärke des Libriforms im Mittel 2,5 μ, Holzparenchym reichlich, paratracheal (aliform bis confluent), Markstrahlen zahlreich, deutlich heterogen, 1—3 Zellen breit und 1—28 Stockwerke hoch, mittlere Höhe der liegenden Markstrahlzellen 26 μ, Ölidioblasten sehr zahlreich.

Typus: Stück Wiesa 52 mit Schnittpräparaten 52 a—c: Taf. 6, Abb. 3—5; Taf. 7, Abb. 4. Sammlung der Arbeitsstelle für Paläobotanik und Kohlenkunde der Deutschen Akademie der Wissenschaften zu Berlin.

Fundort: Hasenberg bei Wiesa unweit Kamenz (Sachsen).

Alter: Mittel- bis oberoligozäner Ton.

***Laurinoxylon litseoides* sp. nov.**
(Taf. 7, Abb. 5; Taf. 8, Abb. 1—6)

Auch diese Form ist nur in einem Stück von 15 cm Länge und 2—3 cm im Durchmesser mit Pauciporosa-Struktur vertreten. Vorhandene Querrisse lassen auf eine Zersetzung des Holzes durch Pilze schließen, deren Hyphenreste in den Gefäßen und Parenchymzellen zu finden sind. Es ist nicht feststellbar, ob ein Wurzel-, Stamm- oder Astholz vorliegt. Das Holzstück hat ein rötlichbraunes Aussehen und ist infolge fortgeschrittener Zersetzung ziemlich leicht und weich. Vor allem die Libriformzellen sind von der Zersetzung ergriffen und bis auf eine schmale Zone des Spätholzes fast völlig zerstört; die Jahresringe heben sich dadurch im mikroskopischen Bild deutlich von den übrigen Holzbestandteilen ab. Wenn diese Probe auch nicht so gut erhalten war wie die übrigen Funde, so war doch die mikroskopische Untersuchung ohne Schwierigkeiten möglich.

a) Holzbeschreibung

Topographie: Zuwachszonen mit dem bloßen Auge nicht sichtbar, etwa 0,7 mm breit (Taf. 8, Abb. 1). Gefäße des Frühholzes nur geringfügig weiter als die des Spätholzes; etwa 35 Gefäße je mm², meist einzeln oder in radialen Reihen von 2, seltener von 3 bis 6, ganz vereinzelt auch in Gruppen, gleichmäßig über den ganzen Jahresring verteilt, gewöhnlich einseitig oder beiderseits an Markstrahlen anliegend, selten frei im Holzstrahl (Taf. 8, Abb. 1). Libriform die Grundmasse des Holzes bildend, im Holzstrahl zu 2—10 Zellen nebeneinander mit radialer Reihenbildung. Holzparenchym paratracheal angeordnet, vasizentrisch mit schmalen, z. T. unvollständigen paratrachealen Komplexen, z.T. zu Holzparenchym-Fasern zusammentretend. Markstrahlen (Taf. 8, Abb. 1, 5; Taf. 7, Abb. 5) deutlich heterogen, 1—23, meist 6—15 Stockwerke hoch, 2—3, meist 2 Zellen breit (1- und 4reihige nur als Ausnahme), Markstrahlhöhe 100—470, im Mittel 220 μ, Breite 15—40, im Mittel 27 μ, Markstrahldichte 11 je mm, Markstrahlen auf dem Querschnitt einen durch die Lage der Gefäße bedingten geschlängelten Verlauf zeigend. Ölidioblasten wenig zahlreich, meist an den Kanten, selten im Innern der Markstrahlen (Taf. 8, Abb. 1, 5; Taf. 7, Abb. 5).

Holzelemente: Einzel-Gefäße meist als ovale, mehr oder weniger stark radial gestreckte, seltener kreisrunde oder tangential gestreckte Zylinder, 40—150, im Mittel 95 μ radialer Durchmesser, 30—125, im Mittel 70 μ tangentialer Durchmesser, mittlerer Gefäßquotient 1,34; Mittelzellen der radialen Gefäßreihen meist gegeneinander abgeflacht, endständige Gefäße oft von halbkreisförmigem Querschnitt; Länge der Gefäßglieder 220—400 μ, mit schrägen Querwänden und einfacher ovaler Durchbrechung; Längswände im Mittel etwa 2 μ dick; Tangentialwände mit zahlreichen rundlichen oder querovalen Hoftüpfeln, mit rundem bis querovalem Porus (Taf. 8, Abb. 3), Radialwände dort, wo sie sich nicht mit Markstrahlen kreuzen, ebenfalls mit zahlreichen Hoftüpfeln; Tüpfelhöfe 6—7,5 × 5—6 μ im Durchmesser, Porus 2 × 2,5 μ im Durchmesser; zwischen Gefäßen und Markstrahlen zahlreiche vergrößerte, einseitig behöfte, meist langgestreckte, oft unregelmäßige Tüpfel; Thyllen zahlreich in den Gefäßen mit kleinen einfachen oder sehr schwach behöften Tüpfeln. Libriformzellen faserartig langgestreckt, Fächerung vorhanden, tangentiale Ausdehnung von 5 bis 20 μ, radiale Ausdehnung 5—15 μ, Wanddicke etwa 2 μ im Mittel, Wände mit einfachen Tüpfelkanälen. Holzparenchymzellen aufrechte Prismen von quadratischem bis rechteckigem Querschnitt, Durchmesser 16—30 × 22—42 μ, 40—150, im Mittel 75 μ hoch; Endzellen der Holzparenchym-Fasern zugespitzt; Wände etwa 1 μ dick, mit kleinen einfachen Tüpfeln; gegenüber den Gefäßen runde bis ovale, einseitig behöfte Tüpfel, mit rundem bis ovalem Porus (Taf. 8, Abb. 2). Liegende Markstrahlzellen radial gestreckt, 15—100, im Mittel 60 μ lang (radial), 7—16, im Mittel 11 μ breit (tangential) und 10—26, im Mittel 19 μ hoch; Wände im Mittel 1 μ dick, mit kleinen einfachen Tüpfeln; Tüpfelung gegen die Gefäße wie oben angegeben. Stehende Markstrahlzellen langgestreckt, von 10 bis 42, im Mittel 25 μ radialer, 12—20, im Mittel 17 μ tangentialer und 25—75, im Mittel 36 μ vertikaler Ausdehnung, sonst wie die liegenden Zellen gebaut; viele Markstrahlzellen mit braunem bis schwarzem Inhalt. Ölidioblasten dünnwandig, tüpfellos, oval bis lang-rechteckig, in radialer Richtung 27—60, im Mittel 45 μ, in tangentialer 22—42, im Mittel 28 μ, Höhe 37—105, meist 75 μ.

Vor allem auf den tangentialen Gefäßwänden konnten netzartige bis spiralige Verdickungen festgestellt werden, die jedoch nur durch die zerstörende Wirkung holzabbauender Pilze hervorgerufen sind (Taf. 8, Abb. 4, 6). Dies kann man leicht daran erkennen, daß völlig normal getüpfelte Wandpartien (Taf. 8, Abb. 3) helle Fleckung oder Streifung aufweisen und schließlich eine netzartige bis spiralige Strukturierung annehmen. Die hellen Zwischenräume stellen also nur korrodierte Partien der Gefäßmembran dar. Diese Zersetzungserscheinung ist mit der von MÜLLER-STOLL (1951, S. 557) beschriebenen spiralstreifigen Zersetzung gleichzusetzen, denn die Tüpfel sind nicht, wie es bei der eigentlichen Spiralstreifung der Fall ist, angerissen, sondern in ihrer Form oft vollständig erhalten und stehen, wie es an vielen Stellen zu sehen war, in keiner direkten Beziehung zu den scheinbaren Verdickungen.

b) Bestimmung

Mit den von JANSSONIUS (1928 u. 1930) beschriebenen rezenten Arten *Litsea chinensis* L. und *L. citrata* BLUME zeigt das vorliegende Holzfossil weitgehende Übereinstimmung. Die Anordnung der Gefäße und die Maße der Markstrahlzellen stimmen völlig überein. Abweichungen sind lediglich in den nicht als artspezifisch geltenden Merkmalen der Anzahl der Gefäße (bei *L. citrata*) und der Höhe und Breite der Markstrahlen vorhanden. Es besteht jedoch die Möglichkeit, daß bei unserem Holz auch Beziehungen zu anderen Sippen der Lauraceen bestehen, denn auch einige Arten der Gattung *Dehaasia* BL. weisen Ähnlichkeiten auf: so *D. caesia* BLUME, *D. pugerensis* KOORD. et VALET und *D. acuminata* KOORD. et VALET.

Fossile Lauraceen mit im Mittel etwa 19 μ hohen liegenden Markstrahlzellen wurden mehrfach beschrieben. *Laurus biseriata* CASPARY (1887, 1889) hat im Mittel 21 μ hohe liegende Markstrahlzellen, jedoch herrscht hier radiale Reihenbildung der Gefäße vor, die Wände der Libriformfasern sind außerordentlich dick, und Sekretzellen fehlen. *Laurinoxylon bakeri* BERRY (1924) mit 16 μ hohen liegenden Markstrahlzellen hat im Mittel weitere Gefäße, dickere Libriformfaserwände, keine Sekretzellen und stehende Verbindungszellen zwischen übereinander liegenden Markstrahlen, die am vorliegenden Holz nicht festgestellt werden konnten. *Laurinoxylon algovicum* (SCHUSTER 1909) hat 18 μ hohe Markstrahlzellen, jedoch keine Zuwachszonen und keine Ölidioblasten. Bei den meisten bisher beschriebenen fossilen

Lauraceen-Hölzern ist die Höhe der liegenden Markstrahlzellen nicht angegeben, doch weisen dann andere Merkmale auf größere Abweichungen hin, so daß man keines mit vorliegendem Lignit identifizieren kann. Von den übrigen Hasenberghölzern grenzt es sich durch die sehr niedrigen liegenden Markstrahlzellen eindeutig ab. Die hier vorkommende maximale Höhe von 26 μ bildet dort meist den Mittelwert. Lediglich *Laurinoxylon microtracheale* sp. nov. zeigt ebenfalls sehr niedrige Markstrahlzellen, kommt aber wegen der im Mittel bedeutend engeren Gefäße nicht in Betracht. Der mittlere Gefäßquotient des vorliegenden Holzes kommt dem von *Laurinoxylon bergeri* sp. nov. nahe; letzteres Holz hat jedoch im Mittel weitere Gefäße und höhere liegende Markstrahlzellen. Außerdem kommen in keinem anderen Holz mit Pauciporosa-Struktur eine derartige große Anzahl von Gefäßen je mm² und fast keine einreihigen Markstrahlen vor. Jedoch darf man diesen Merkmalen wegen ihrer Veränderlichkeit keine besondere Bedeutung für die Formabgrenzung zubilligen. Wegen der beträchtlichen Ähnlichkeit mit einigen Arten aus der Gattung *Litsea* LAM. wird dieses fossile Holz

Laurinoxylon litseoides sp. nov.

benannt.

Diagnose: Sekundäres Holz der Formgattung *Laurinoxylon* FELIX mit Pauciporosa-Struktur, Zuwachszonen vorhanden, Gefäße 30—150, im Mittel 95 μ weit, die auffällig ovalen Gefäße meist einzeln, nur gelegentlich in radialen Reihen, mit einfacher Perforation, Tangentialwände der Gefäße mit zahlreichen alternierend stehenden Hoftüpfeln, zwischen Gefäßen und Markstrahlen einseitig behöfte, vergrößerte Tüpfel, Wanddicke des Libriforms im Mittel etwa 2 μ, Holzparenchym vasizentrisch, Markstrahlen zahlreich, deutlich heterogen, meist 2—3 Zellen breit und 1—23 Stockwerke hoch, mittlere Höhe der liegenden Markstrahlzellen 19 μ, Ölidioblasten wenig zahlreich.

Typus: Stück Wiesa 53 mit Schnittpräparaten 53 a—c: Taf. 7, Abb. 5; Taf. 8, Abb. 1—6. Sammlung der Arbeitsstelle für Paläobotanik und Kohlenkunde der Deutschen Akademie der Wissenschaften zu Berlin
Fundort: Hasenberg bei Wiesa unweit Kamenz (Sachsen).
Alter: Mittel- bis oberoligozäner Ton.

Laurinoxfilon microtrachelae sp. nov.

(Tafel 9, Abb. 1—7)

Diese Form ist nur in einem Holzstück mit Pauciporosa-Struktur vertreten. Es ist rund 18 cm lang, 4 cm im Durchmesser und besitzt nur mäßig guten Erhaltungszustand; vor allem die Libriform-Komplexe sind in Zersetzung begriffen. Die Organherkunft ist nicht feststellbar. Das Stück ist von rötlichbrauner Farbe, im trockenen Zustand hart und schwer und zeigt einen muscheligen Bruch.

a) Holzbeschreibung

Topographie: Zuwachszonen mit dem bloßen Auge nicht sichtbar, ihre Grenzen durch 1—2 Reihen radial abgeflachter Holzfaserzellen und radial verkürzter Markstrahlzellen angedeutet. Gefäße meist einzeln oder in radialen Reihen von 2, seltener von 3—6, gleichmäßig über den ganzen Querschnitt verteilt, Gefäßdichte ca. 35 je mm² (Taf. 9, Abb. 1); Endglieder der Gefäßreihen oft enger werdend, z. T. bis zur Größe von Parenchym- oder Libriformfaserzellen; vereinzelt Gruppenbildung; Gefäße frei im Holzstrahl oder einseitig, seltener beiderseits an Markstrahlen angrenzend, sonst von Holzparenchym- oder Holzfaserzellen umgeben. Libriform die Grundmasse des Holzes bildend, Holzstrahl mit 1—15, meist 3—7 undeutlichen radialen Reihen. Holzparenchym reichlich, paratracheal vasizentrisch, z. T. unvollständig um die Gefäße, oft auch an den die Gefäße berührenden Bereichen der Markstrahlen; zu mehrgliedrigen Holzparenchym-Fasern zusammengesetzt. Markstrahlen (Taf. 9, Abb. 1, 3—5) 1—18 Stockwerke hoch und 1—5 Zellen breit, Markstrahlhöhe 50—320, im Mittel 195 μ; Markstrahlen in manchen Holzzonen homogen bis schwach heterogen, 12—57, im Mittel 33 μ breit und vorwiegend drei- und vierreihig, z. T. auch fünfreihig (Taf. 9, Abb. 3), in anderen Fällen fast homogen bis deutlich heterogen, 12—35, im Mittel 25 μ breit und meist zwei- bis dreireihig, nur ausnahmsweise vierreihig (Taf. 9, Abb. 5); Markstrahlverlauf auf dem Querschnitt gerade, selten den Gefäßen ausweichend. Ölidioblasten zahlreich an den Kanten, seltener im Inneren der Markstrahlen (Taf. 9, Abb. 3—5).

Holzelemente: Einzel-Gefäße meist als kreisförmige bis ovale, radial gestreckte Zylinder, 40—65, im Mittel 55 μ radialer Durchmesser, 35—60, im Mittel 45 μ tangentialer Durchmesser, mittl. Gefäßquotient 1,22; Gefäßwände der Mittelzellen der Gefäßreihen meist gegeneinander abgeflacht, endständige Gefäße meist von halbkreisförmigem Querschnitt; Länge der Gefäßglieder 125—270 μ, einfache ovale Durchbrechung (Taf. 9, Abb. 6), Wanddicke im Mittel 3—4 μ; Tangentialwände mit zahlreichen runden bis querovalen Hoftüpfeln mit spaltenförmigem oder ovalem bis rundem Porus; Radialwände spärlich getüpfelt; Hof 2,5—5 μ × 2,5—4 μ im Durchmesser, Porus etwa 0,5—1 μ lang; zwischen Gefäßen und Markstrahlen zahlreiche vergrößerte, einseitig behöfte, runde bis langgestreckte, oft unregelmäßig gestaltete Tüpfel; Thyllen zahlreich in den Gefäßen, mit kleinen einfachen oder nur sehr schwach behöften Tüpfeln (Taf. 9, Abb. 7). Libriformzellen faserartig langgestreckt, gefächert und ungefächert, von quadratischem bis rechteckigem, zuweilen auch unregelmäßigem Querschnitt; radialer Durchmesser 5—17, im Mittel 11 μ, tangentialer Durchmesser 10—22, im Mittel 16 μ, mit im Mittel 2,5 μ dicken Wänden und wenigen einfachen Tüpfeln. Holzparenchymzellen aufrechte Prismen von quadratischem bis rechteckigem, oft auch ovalem oder unregelmäßigem Querschnitt, 5—17 × 10—22 μ im Durchmesser und 30—125 μ hoch; Endzellen der Holzparenchym-Fasern an den Enden zugespitzt; Wände etwa 1—2 μ dick, mit kleinen einfachen Tüpfeln, gegenüber den Gefäßen runde bis ovale, oft leiterförmige, einseitig behöfte Tüpfel. Liegende Markstrahlzellen radial gestreckt, 25—65, im Mittel 44 μ lang (radial), 7—17, im Mittel 11 μ breit (tangential) und 12—32, im Mittel 21 μ hoch; Wände etwa 1 μ dick, mit kleinen einfachen Tüpfeln, Tüpfel gegen die Gefäße wie oben angegeben. Stehende Markstrahlzellen als niedere Prismen von 10 bis 65, im Mittel 22 μ radialer, 10—27, im Mittel 17 μ tangentialer und 10—50, im Mittel 25 μ vertikaler Ausdehnung; sonst wie die liegenden Zellen gebaut. Ölidioblasten dünnwandig, tüpfellos, in radialer Richtung 25—47, im Mittel 35 μ, in tangentialer 12—30, im Mittel 21 μ, Höhe 35—100, im Mittel 65 μ.

In einem Tangentialschnitt wurde eine ca. 0,8 × 0,15 mm große, von Parenchymzellen verschiedener Form und Größe gebildete Wundholzstelle beobachtet (Taf. 9, Abb. 2). Die Zellen waren im Mittel höher und breiter als beim Parenchymgewebe des normalen Holzes, die kleinsten Zellen maßen etwa 10 μ in der Breite und 15 μ in der Höhe, die größten 50 μ in der Breite und 120 μ in der Höhe, dazwischen fanden sich alle Übergänge; Zellwände im Mittel 1 μ dick, mit zahlreichen kleinen, einfachen Tüpfeln. Das Vorkommen von Markflecken ist bei Lauraceenhölzern offenbar keine Seltenheit, denn von JANSSONIUS (1928 u. 1930) werden sie für viele Arten angegeben. Die z. T. an den Tangentialwänden der Gefäße vorhandenen scheinbaren netzartigen Verdickungen sind wahrscheinlich, wie bei *Laurinoxylon litseoides* sp. nov., durch die schon fortgeschrittene Holzzersetzung hervorgerufen.

b) Bestimmung

In der bisherigen Literatur sind kaum Holzbeschreibungen vorhanden, die mit vorliegendem Holz verglichen werden können. RECORD u. HESS (1942) geben in einigen Holzdiagnosen für Lauraceen-Gattungen auch enge Gefäße an, so für *Cryptocarya* R. BR., jedoch ist hier das Holzparenchym in terminalen Bändern angeordnet. Bei *Lindera* THUNBG. gründet sich die Gattungsdiagnose wahrscheinlich hauptsächlich auf *Lindera benzoin* (L.) MEISSN. Es werden 50—65 μ weite Gefäße angegeben und teilweise leiterförmige Durchbrechungen. Jedoch kommen in dieser Gattung auch Arten mit bedeutend weiteren Gefäßen vor (vgl. JANSSONIUS 1928 u. 1930). STERN (1954) führt einige Arten an, die mit ihren Gefäßweiten vorliegendem Holze nahekommen: *Apollonias barbusana* (CAV.) A. BRAUN mit 41—82 μ Gefäßweite besitzt jedoch keine Zuwachszonen. *Nectandra coriacea* (SW.) GRIESEB. hat nach der Beschreibung von STERN 41—68 μ weite Gefäße bei einer Gefäßdichte von 40 bis 80 je mm²; nach dem Gefäßreichtum kann man vermuten, daß hier eine Holzprobe zur Beschreibung benutzt wurde, die nicht dem Normalfall entspricht, denn KRÄUSEL u. SCHÖNFELD (1924) ziehen *Nectandra coriacea* (SW.) GRIESEB. zum Vergleich mit *Laurinoxylon nectandroides* heran und schreiben, daß dieses fossile Holz in allen Maßen mit der rezenten Art übereinstimmt; danach muß jene 80—130 μ weite Gefäße haben, bei 5—10 Gefäßen je mm². Bei der Holzbeschreibung rezenter Arten sollte man nach Möglichkeit nur unter normalen Verhältnissen gewachsenes Holz berücksichtigen; damit würde ein großer Unsicherheitsfaktor ausgeschaltet. Vorliegendes Holz läßt sich also nicht mit den hier angeführten rezenten Hölzern in Übereinstimmung bringen. Kein bisher beschriebenes fossiles Lauraceenholz besitzt derartige enge Gefäße, wie sie im vorliegenden Fall vorhanden sind. Auch gegen die übrigen Hasenberg-Funde grenzt es sich durch die engen Gefäße, die niedrigen liegenden Markstrahlzellen und die oft fast homogenen Markstrahlen eindeutig als selbständige Form ab. Der Holzrest wird wegen der extrem engen Gefäße

Laurinoxylon microtracheale sp. nov.

benannt.

Diagnose: Sekundäres Holz der Formgattung *Laurinoxylon* FELIX mit Pauciporosa-Struktur, Zuwachszonen vorhanden, Gefäße 40—65, im Mittel 55 μ weit, die runden bis ovalen Gefäße meist einzeln, wenig zur radialen Reihenbildung neigend, mit einfacher Perforation, Tangentialwände der Gefäße mit zahlreichen alternierend stehenden Hoftüpfeln, zwischen Gefäßen und Markstrahlen einseitig behöfte vergrößerte Tüpfel, Wanddicke des Libriform im Mittel 2,5 μ, Holzparenchym vasizentrisch, Markstrahlen zahlreich, heterogen bis fast homogen, 1—5 Zellen breit und 1—18 Stockwerke hoch, mittlere Höhe der liegenden Markstrahlzellen 21 μ, Ölidioblasten zahlreich.

Typus: Stück Wiesa 54 mit Schnittpräparaten 54 a—b: Taf. 9, Abb. 1—7. Sammlung der Arbeitsstelle für Paläobotanik und Kohlenkunde der Deutschen Akademie der Wissenschaften zu Berlin.
Fundort: Hasenberg bei Wiesa unweit Kamenz (Sachsen).
Alter: Mittel- bis oberoligozäner Ton.

3. *Ergebnisse*

52 fossile Laubholzreste aus der durch die reichen Früchtefunde bekannten Tongrube des Hasenberges (Wiesa bei Kamenz) werden als Lauraceenhölzer bestimmt. 47 Holzreste davon werden als *Laurinoxylon hasenbergense* sp. nov., 2 als *L. bergeri* sp. nov. und je ein Holzrest als *L. endiandroides* sp. nov., *L. litseoides* sp. nov. und *L. microtracheale* sp. nov. beschrieben. Die zahlreichen Wurzelfunde weisen darauf hin, daß es sich um eine autochthone Fundstätte handelt.

In Tabelle 13 werden die beschriebenen Formen in ihren für die Formabgrenzung besonders wichtigen Merkmalen einander gegenübergestellt.

Tabelle 13

Gegenüberstellung der einzelnen Formen der Hasenberg-Funde in ihren wichtigsten formabgrenzenden Merkmalen. (Zahlenangaben bedeuten Mittelwerte in μ.)

Form	Rad. Durchm. der Gefäße in μ	Höhe der liegenden Markstrahlzellen in μ	Wanddicke der Librif. in μ	Markstrahlen	Anordnung des Parenchyms
L. hasenbergense	70—100	25—29	3—4	deutl. heterog.	vasizentr.
L. bergeri	110	21—23	2,5	deutl. heterog.	vasizentr.
L. endiandroides	90	26	2,5	deutl. heterog.	aliform
L. litseoides	95	19	2,0	deutl. heterog.	vasizentr.
L. microtracheale	55	21	2,5	fast homogen	vasizentr.

V. Kritische Übersicht über die bisher als Lorbeerhölzer beschriebenen Reste

1. Liste der fossilen Arten

Durch die schwierige und in vielen Fällen noch unsichere oder unmögliche holzanatomische Unterscheidung der rezenten Lauraceenformen ist es leicht möglich, daß von den ca. 50 bisher beschriebenen fossilen Lorbeerhölzern verschiedene miteinander übereinstimmen. Durch die im ersten Teil dargelegten Untersuchungen und durch die neueren Arbeiten über die Holzanatomie rezenter Lauraceen (RECORD u. HESS 1942; STERN 1954) sind neue Gesichtspunkte über den diagnostischen Wert der einzelnen Merkmale gewonnen worden, die es erlauben, die bisherigen Holzbeschreibungen fossiler Lauraceen einer kritischen Betrachtung zu unterziehen. Im folgenden Teil soll versucht werden, festzustellen, welche Beschreibungen nach dem heutigen Stand der Kenntnisse für einen Vergleich brauchbar oder unbrauchbar sind, welche Beschreibungen es gestatten, wenigstens Familienzugehörigkeit festzustellen und welche Hölzer vermutlich identisch sind. Außerdem soll geprüft werden, bei welchen Holzformen angenommen werden kann, daß sie überhaupt nicht zu den Lauraceen gehören.

Es wird zunächst eine Übersicht über alle bisher als Lauraceenhölzer beschriebenen oder später ihnen zugewiesenen Holzfossilien gegeben[1]). Die verschiedenen Formen werden dabei in Gruppen eingeteilt, die den Grad der Sicherheit ihrer Bestimmung zum Ausdruck bringen sollen. Nur von den unter A aufgeführten Resten kann mit hinreichendem Grund behauptet werden, daß es sich wirklich um Lorbeerhölzer handelt. Bei dieser Gruppe haben wir den heute allgemein üblichen Gattungsnamen *Laurinoxylon* FELIX verwendet; soweit dies bisher nicht geschehen ist, wurde eine Neukombination vorgenommen. Doch wurde dies bei den in die Gruppe B und C gestellten Fossilien unterlassen, da es sich bei ihnen hinsichtlich der Familienzugehörigkeit um mehr oder weniger fragwürdige Fälle, teilweise auch um eindeutig falsche Bestimmungen handelt.

A. Zugehörigkeit zur Familie der Lauraceen gesichert

a) Formen mit guter bis ausreichender Charakterisierung der Art

1. *Laurinoxylon tigurinum* (SCHUSTER) BERGER
   Ocoteoxylon tigurinum SCHUSTER 1907, S. 138, Taf. 2; Textabb. 1—3; Obere Kreide (Flysch), Deutschland (Tegernsee/Bayern); mit Arten der Gattung *Ocotea* AUBL. verglichen.
   Laurinoxylon tigurinum (SCHUSTER) BERGER: BERGER 1950, S. 21.
2. *Laurinoxylon algovicum* (SCHUSTER) comb. nov.
   Ocoteoxylon algovicum SCHUSTER 1909, S. 55; Ober-Oligozän, Deutschland (Allgäu/Bayern); mit Arten der Gattung *Ocotea* AUBL. verglichen.

---

[1]) Funde aus quartären Ablagerungen sind nicht in die Liste aufgenommen worden. Hierzu gehört ein als *Tetranthera alnoides* MIQ. bestimmtes Holz aus dem Pleistozän von Java (SCHUSTER, J.: Monographie der fossilen Flora der Pithecanthropus-Schichten. Abh. bayer. Akad. Wiss. München, math.-physikal. Kl. **25** (6), S. 20, Taf. 26, Abb. 6, 7, 9—12, 1911), ferner ein auf den rezenten Kampferbaum bezogenes Holz wahrscheinlich altpleistozänen Alters von Shikoku, Japan (WATARI, S.: On a fossil wood of *Cinnamomum camphora* NEES et EBERM. — J. japan. Bot. **25**, S. 103—105, Abb. 1a—b, 2, 1950, japanisch).

3. *Laurinoxylon radiatum* (G. SCHÖNFELD) BERGER
Laurinium radiatum G. SCHÖNFELD 1919, S. 3, Taf. 1, Abb. 1—6; Obere Kreide (Quadersandstein, Plänermergel), Deutschland (mehrere Fundorte bei Dresden, Sächs. Schweiz, Oberlausitz/Ostsachsen).
Laurinoxylon radiatum (G. SCHÖNFELD) BERGER: BERGER 1953b, S. 142.

4. *Laurinoxylon bakeri* BERRY
1924, S. 83, Taf. 17, Abb. 1, 2; Taf. 18, Abb. 1—4; Taf. 19, Abb. 1—6; Taf. 20, Abb. 1, 2. Eozän (Yegua-Formation), USA (3 Fundorte Houston County/Texas).

5. *Laurinoxylon nectandroides* KRÄUSEL et SCHÖNFELD
1924, S. 272, Taf. 22, Abb. 19—21; Textabb. 9—17; Miozän, Holland (Süd-Limburg); mit *Nectandra coriacea* GRIESEB. verglichen.

6. *Laurinoxylon desioi* CHIARUGI
1929, S. 423, Taf. 47, Abb. 1—3; Miozän, Libyen (Giarabub).

7. *Laurinoxylon linderoides* E. SCHÖNFELD
1933, S. 329, Taf. 8, Abb. 1—5; Textabb. 1—9; Kreide oder Tertiär, Deutschland (Prohlis bei Dresden/Sachsen); mit *Lindera strychnifolia* VILL. u. *Lindera pulcherrima* BENTH. verglichen.

8. *Laurinoxylon machiliforme* (WATARI) comb. nov.
Laurinium machiliforme WATARI 1941, S. 409, Taf. 3, Abb. d; Textabb. 7a—f; Untermiozän, Japan (Anatai, Iwate Prefecture, Nord-Honshu); mit *Machilus thunbergii* SIEB. et ZUCC. verglichen.
Laurinium machiliforme WATARI: WATARI 1952, S. 120; Miozän, Japan (Tamugimata, Yamagata Prefecture, Nord-Honshu).

9. *Laurinoxylon hofmannae* BERGER (siehe S. 46).
Laurinoxylon hofmannae BERGER 1950, S. 16, Taf. 2, Abb. 3; Obere Kreide (Flysch), Österreich (Baumgartner Spitz/Wien).
Laurinium tauberi BERGER 1950, S. 17, Taf. 2, Abb. 4—6; Obere Kreide (Flysch); Österreich (Hagenberg bei Lainz/Wien, Rosental bei Hütteldorf/Wien).

10. *Laurinoxylon ehrendorferi* BERGER
1953a; S. 50, Taf. 20, Abb. 3; Taf. 21, Abb. 1—3; Textabb. 21, 22; Unter- oder Mittelmiozän, Griechenland (Insel Lemnos).

11. *Laurinoxylon weylandii* BERGER
1953b, S. 136, Textabb. 1—7; Obere Kreide (Flysch), Österreich (Jakober Schütt, Lainzer Tiergarten/Wien).

12. *Laurinoxylon parenchymatosum* E. SCHÖNFELD
1956, S. 711, Taf. 38, Abb. 1—6; Taf. 39, Abb. 7—11; Textabb. 1—7; Pliozän, Deutschland (Oebel bei Brüggen/Niederrhein, holländ. Grenze); mit *Cryptocarya peumus* NEES verglichen.

13. *Laurinoxylon aniboides* GREGUSS em. SÜSS
Laurinoxylon aniboides GREGUSS, 1954 S. 99, Taf. 16, Abb. 37—40; Miozän, Ungarn (Ipolytarnóc); mit *Aniba roseadora* DUCKE verglichen.
Laurinoxylon aniboides GREGUSS em. SÜSS: SÜSS u. MÄDEL 1958, Taf. 3, Abb. 9—12; Taf. 4, Abb. 13—16.

14. *Laurinoxylon mueller-stollii* GREGUSS em. SÜSS
Laurinoxylon mueller-stollii GREGUSS 1954, S. 100, Taf. 17, Abb. 41—44; Miozän, Ungarn (Ipolytarnóc).
Laurinoxylon mueller-stollii GREGUSS em. SÜSS: SÜSS u. MÄDEL 1958, Taf. 5, Abb. 17—20.

15. *Laurinoxylon seemannianum* MÄDEL
in SÜSS u. MÄDEL 1958, Textabb. 1, 2; Taf. 1, Abb. 1—4; Taf. 2, Abb. 5—8; Miozän, Deutschland (Randecker Maar/Württemberg).

b) Formen mit unbestimmter, nicht ausreichender Charakterisierung der Art

16. *Laurinoxylon diluviale* (UNGER) FELIX
Ulminium diluviale UNGER 1842, S. 101; Tertiär, Böhmen (Joachimsthal, tschech. Jachimov).
Ulminium diluviale UNGER: UNGER 1845, S. 219.
Ulminium diluviale UNGER: UNGER 1847, S. 97, Taf. 25, Abb. 6—9.
Laurinoxylon diluviale (UNGER) FELIX: FELIX 1883, S. 59, Taf. 2, Abb. 1, 3; Taf. 3, Abb. 1; mit *Persea gratissima* GAERTN. verglichen.
Perseoxylon diluviale (UNGER) FELIX: FELIX 1887, S. 157.

17. *Laurinoxylon aromaticum* FELIX
Laurinoxylon aromaticum FELIX 1884, S. 27, Taf. 1, Abb. 7; Taf. 2, Abb. 7, 9; Tertiär, Ungarn (ohne Ortsangabe).
Perseoxylon aromaticum (FELIX) FELIX: FELIX 1887, S. 157.
Perseoxylon aromaticum (FELIX) FELIX: FELIX 1894, S. 101; Eozän, Transkaukasien (Halbinsel Apscheron).
Perseoxylon aromaticum (FELIX) FELIX: FELIX 1896, S. 254; jüng. Tertiär, USA (Yellowstone Nat. Park/Wyoming).
Perseoxylon aromaticum (FELIX) FELIX: KNOWLTON 1899, S. 707; Miozän, USA (Yellowstone Nat. Park/Woyming).

18. *Laurinoxylon meyeri* (FELIX) comb. nov.
Laurinium meyeri FELIX 1886, S. 488, Taf. 12, Abb. 4, 7, 8; Tertiär, Neuguinea (Astrolabe Bay bei Madang).

19. *Laurinoxylon antiquum* (FELIX) BERGER
Perseoxylon antiquum FELIX 1887, S. 153, Taf. 27a, Abb. 1—4; Kreide? (Karpaten-Sandstein?), Siebenbürgen (Kristyor, ehem. Komitat Hunyad); mit *Laurus obtusifolia* ROXB. verglichen.
Laurinoxylon antiquum (FELIX) BERGER: BERGER 1950, S. 21.

20. *Laurinoxylon californicum* (PLATEN) comb. nov.
Perseoxylon californicum PLATEN 1908, S. 52; jüng. Tertiär, USA (Nevada County/Kalifornien).

21. *Laurinoxylon eberi* (PLATEN) comb. nov.
Perseoxylon eberi PLATEN 1908, S. 135; Tertiär (Miozän, Monument Creek-Formation), USA (Bijou Basin/Colorado).

22. *Laurinoxylon haasii* (WETZEL) BERGER
Laurinium haasii WETZEL 1913, S. 21, Taf. 1, Abb. 1, 2; Obere Kreide, Deutschland (Kiel-Holtenau/Holstein).
Laurinoxylon haasii (WETZEL) BERGER: BERGER 1953b, S. 144.

23. *Laurinoxylon iwamiense* (WATARI) comb. nov.
Laurinium iwamiense WATARI 1952, S. 116, Taf. 5, Abb. a—f; Textabb. 6a, 7a; Miozän, Japan (Hanenisi, Simane Prefecture, West-Honshu).

24. *Laurinoxylon kuteense* (WATARI) comb. nov.
Laurinium kuteense WATARI 1952, S. 119, Taf. 6, Abb. a—d; Textabb. 6b, 7b; Miozän, Japan (Hanenisi, Simane Prefecture, West-Honshu).

25. *Laurinoxylon* sp.
Laurinium und *Perseoxylon*: G. SCHÖNFELD 1930, S. 70; Oligozän, Deutschland (Ragewitz bei Grimma, Merka-Quatitz bei Bautzen/Sachsen).

B. Familienzugehörigkeit fragwürdig oder wenigstens nicht eindeutig, da mangelhaft beschrieben

26. *Laurinium xyloides* UNGER
Laurinium xyloides UNGER 1845, S. 228; Pliozän, Italien (Vicentino); mit *Laurus nobilis* L. verglichen.
Laurinium xyloides UNGER: UNGER 1850, S. 425.
Laurinium xyloides UNGER: FELIX 1887, S. 157.

27. *Laurinium guatemalense* UNGER
Laurinium guatemalense UNGER 1850, S. 425; Tertiär, Guatemala (Rio Payres).
Laurinium guatemalense UNGER: FELIX 1887, S. 157.

28. *Laurinium brunswicense* VATER
1884, S. 845, Taf. 29, Abb. 22—24; Obere Kreide (Unter-Senon), Deutschland (Helmstedt bei Braunschweig); mit *Laurus nobilis* L. verglichen.

29. *Laurinoxylon branneri* KNOWLTON
Laurinoxylon branneri KNOWLTON 1891, S. 256, Taf. 9, Abb. 8, 9; Taf. 10, Abb. 1, 2; Taf. 11, Abb. 4; Eozän (Wilcox/Yegua-Formation, Jackson-Formation), USA (Poinsett County, St. Francis County/Arkansas).
Laurinoxylon branneri KNOWLTON: PENHALLOW 1907, S. 98, Abb. 6—8; Eozän (Yegua-Formation), USA (östl. Mittel-Texas).

Laurinoxylon branneri KNOWLTON: BERRY 1916, S. 314, Taf. 16, Abb. 6—10; Unter-Eozän (?Wilcox-Formation), USA (Bolivar Creek b. Harrisburg, Poincett County/Arkansas).
Laurinoxylon branneri KNOWLTON: BERRY 1922, S. 19; Eozän (Wilcox-Formation), USA (Shreveport/Louisiana).
Laurinoxylon branneri KNOWLTON: BERRY 1924, S. 84, Taf. 21, Abb. 1,2; S. 188; Eozän (Yegua-Formation, Jackson-Formation), USA (Somerville, Burleson County/Texas; Crow Creek, St. Francis County/Arkansas).

30. *Laurinoxylon lesquereuxianum* KNOWLTON
Laurinoxylon lesquereuxianum KNOWLTON 1891, S. 258, Taf. 10, Abb. 3, 4; Taf. 11, Abb. 3, 4; Eozän (obere Yegua- oder untere Jackson-Formation), USA (Arkansas).
Laurinoxylon lesquereuxianum KNOWLTON: BERRY 1924 S. 85; Eozän (Yegua-Formation), USA (Rice Branch, nahe Wittsburg, Cross County/Arkansas).

31. *Laurinoxylon albiense* FLICHE
1905, S. 356, Taf. 10, Abb. 2, 3; Untere Kreide (Alb), Madagaskar.

32. *Laurinoxylon brandonianum* JEFFREY et CHRYSLER
1906, S. 198, Taf. 49, Abb. 1—6; Eozän, USA (Brandon/Vermont).

33. *Laurinoxylon wilcoxianum* BERRY
1922, S. 19, Taf. 13, Abb. 1—5; Unter-Eozän (Wilcox-Formation), USA (Naborton/Louisiana; Dabney, Montgomery County/Missouri; Bolivar, Hardeman County/Tennessee).

34. *Laurinoxylon arizonense* (BAILEY) BERGER
Paraphyllanthoxylon arizonense BAILEY 1924, S. 446, Taf. 15, Abb. 1—6; Kreide (Colorado-Gruppe), USA (Arizona); unter Vorbehalt mit Arten der Gattungen *Phyllanthus* L. und *Bridelia* WILLD. (Euphorbiaceae) verglichen.
Laurinoxylon arizonense (BAILEY) BERGER: BERGER 1950, S. 19.

35. *Laurinoxylon* sp.
Laurus sp.: MENEGHINI 1857, S. 439, 548; Tertiär, Sardinien.

36. *Laurinoxylon* sp.
Laurinoxylon?: KNOWLTON 1891, S. 259; BERRY 1924, S. 188; Eozän (?Jackson-Formation), USA (Red Bluff, Jefferson County/Arkansas).

37. *Laurinoxylon* sp.
Laurinoxylon? sp.: GOTHAN 1908, S. 19, Taf. 2, Abb. 12, 13; Obere Kreide oder Tertiär, West-Antarktis (Seymour-Insel).

C. Beschreibung ausreichend, aber Zugehörigkeit zu den Lauraceen zweifelhaft oder unzutreffend

38. *Laurinoxylon primigenium* SCHENK
1883, S. 11, Taf. 3, Abb. 10; Taf. 5, Abb. 15, 16; Oligozän?, Ägypten (versteinerter Wald von Kairo); bereits von KRÄUSEL (1939, S. 60, Taf. 9, Abb. 6, 7; Taf. 10, Abb. 5; Taf. 11, Abb. 1—3; Taf. 12, Abb. 1—13; Taf. 13, Abb. 1, 2; Textabb. 15) als *Evodioxylon primigenium* (Rutaceae) bestimmt.

39. *Laurus biseriata* CASPARY
Laurus biseriata CASPARY 1887, S. 43
Laurus biseriata CASPARY: CASPARY 1889, S. 54, Taf. 10, Abb. 10—17; Taf. 11, Abb. 1—5; Diluviale Geschiebe tertiärer Herkunft, Ost- und Westpreußen; mit *Dicypellium caryophyllatum* NEES und *Sassafras officinale* NEES verglichen.

40. *Laurus triseriata* CASPARY
Laurus triseriata CASPARY 1887, S. 43
Laurus triseriata CASPARY: CASPARY 1889, S. 60, Taf. 11, Abb. 6—12; Taf. 12, Abb. 1—5; Diluviale Geschiebe tertiärer Herkunft, Ostpreußen (Krs. Lötzen); mit *Laurus nobilis* L. und *Mithridatea* (Monimiaceae) verglichen.

41. *Laurus perseoides* CASPARY
Laurus perseoides CASPARY 1887, S. 43
Laurus perseoides CASPARY: CASPARY 1889, S. 67, Taf. 12, Abb. 6—11; Taf. 13, Abb. 1—5; Diluviale Geschiebe tertiärer Herkunft, Ostpreußen (Palmnicken); mit *Persea gratissima* NEES verglichen.

42. *Laurinoxylon pulchrum* KNOWLTON

Laurinoxylon pulchrum KNOWLTON 1899, S. 765, Taf. 116; Taf. 119, Abb. 3—5; Taf. 120, Abb. 1; Miozän, USA (Crystall Creek, Yellowstone Nat. Park/Wyoming).

Laurinoxylon pulchrum KNOWLTON: PLATEN 1908, S. 127; Miozän, USA (Amethyst Mt., Yellowstone Nat. Park/Wyoming).

43. *Laurinoxylon uniseriatum* GOTHAN

Laurinoxylon uniseriatum GOTHAN 1908, S. 16, Taf. 2, Abb. 3—11; Obere Kreide oder Tertiär, West-Antarktis (Seymour-Insel).

Laurinoxylon uniradiatum GOTHAN: KRÄUSEL 1924, S. 25, Taf. 4, Abb. 1—4; Tertiär, Chile (Lago Viedma, Territorium Sta. Cruz/Patagonien). Beim Artnamen liegt Schreibfehler vor, gemeint ist *L. uniseriatum*.

44. *Laurinoxylon chinense* FRANCINI

1931, S. 442, Taf. 8, Abb. 1—2; wahrscheinlich tertiärer Herkunft, China (Alluvium, Han bei Tscherku, Westchina).

2. *Bewertung der bisherigen Beschreibungen*

In den folgenden Ausführungen wird versucht, die bisher vorliegenden Beschreibungen für fossile Lorbeerhölzer zu würdigen. Die einzelnen Namen werden dabei mit einer Ziffer gekennzeichnet, die mit den entsprechenden Nummern der vorausgehenden Übersicht übereinstimmen, um auf diese Weise das Auffinden der vollständigen Literaturzitate zu erleichtern[1]). Hinsichtlich der Nomenklatur wird genauso verfahren wie im vorausgegangenen Abschnitt, d. h. alle Reste, bei denen uns die Zugehörigkeit zur Familie der Lauraceen als gesichert erscheint, werden unter der Gattungsbezeichnung *Laurinoxylon* geführt. Bei den hinsichtlich der Familienzugehörigkeit fragwürdigen Resten bleiben wir bei der Namensgebung des ursprünglichen Autors.

Die ersten Beschreibungen angeblicher Lauraceen-Holzreste stammen von UNGER (1845, 1850) ([26] *Laurinium xyloides* und [27] *L. guatemalense*). Es ist nur natürlich, daß bei den damaligen holzanatomischen Kenntnissen die Beschreibungen so ausfielen, daß man nicht einmal sagen kann, ob die beschriebenen Fossilien wirklich zu den Lauraceen gehören. Für Vergleichszwecke sind deshalb diese alten Angaben nicht zu verwenden.

Ein von UNGER (1842, 1847) zuerst als [16] *Ulminium diluviale* beschriebenes ,,Sintflutholz von Joachimsthal" wurde von FELIX (1883), nachdem er zunächst ein Birkenholz vermutete, nachuntersucht und vor allem mit Hilfe der vorhandenen Sekretzellen als ein Lauraceenholz erkannt. Für Vergleiche läßt es sich ebenfalls nur im begrenzten Umfang benutzen, da lediglich für die Gefäßweiten Maßzahlen angegeben werden, für alle anderen Merkmale, die heute für die Formabgrenzung als wichtig erkannt sind, aber nur Relativmaße. Die von FELIX ausgesprochene durchaus zutreffende Vermutung, daß das Vorkommen der Sekretzellen im gleichen Baume varriieren kann, läßt der Autor später wieder fallen. 1886 beschreibt er ein fossiles Lauraceenholz ohne Sekretzellen und nimmt an, daß man nach dem Fehlen oder Vorhandensein von Sekretzellen die Lauraceen in zwei Gruppen teilen könne. Er schlägt vor, Hölzer ohne Sekretzellen in der Formgattung *Laurinium* UNGER und diejenigen mit Sekretzellen in der neu aufgestellten Formgattung *Perseoxylon* FELIX zusammenzufassen. Diese Auffassung stellte sich aber als irrig heraus, da erkannt wurde, daß das Fehlen oder Vorhandensein der Sekretzellen nicht artbedingt, sondern nur altersbedingt ist (KRÄUSEL u. SCHÖNFELD 1924). Die Variabilität in der Anzahl der Sekretzellen kann in der gleichen systematischen Gruppe außerordentlich groß sein. Später wird nach einem Vorschlag von GOTHAN (1908) die

[1]) Die bei EDWARDS (1931, S. 48—53) angegebenen vollständigen Literaturnachweise für die ältere Zeit werden in der Übersicht nicht mehr wiederholt. Es werden nur Schriften berücksichtigt, die für die Beurteilung der Bestimmungen wesentlich sind und vor allem die Beschreibungen und Abbildungen der einzelnen Hölzer enthalten.

Formgattung *Laurinoxylon* allgemein verwendet unter Zusammenfassung aller fossilen Lorbeerhölzer, gleichgültig ob Sekretzellen vorhanden sind oder nicht.

Die Beschreibungen weiterer Formen durch FELIX (1884, 1886, 1887) sind zwar für damalige Verhältnisse recht sorgfältig durchgeführt, lassen aber ebenfalls genauere Zahlenangaben vermissen. Ein genauer Vergleich neuerer Funde mit diesen Beschreibungen ist deshalb kaum möglich. [17] *Laurinoxylon aromaticum* FELIX und [19] *L. antiquum* (FELIX) BERGER unterscheiden sich nach Angaben des Autors lediglich durch die Höhe und Breite der Markstrahlen, also durch Merkmale, die, wie im ersten Teil fesgtestellt, für die Formabgrenzung keine Sicherheit gewähren. Es kann mithin vermutet werden, daß beide Hölzer mit einander identisch sind. Der Beweis könnte allerdings nur durch eine Nachuntersuchung der Originalpräparate erbracht werden. [18] *Laurinoxylon meyeri* (FELIX) SÜSS, ebenfalls 1886 von FELIX beschrieben, ist durch seine großen Gefäße als eigene Art gut charakterisiert, jedoch läßt sich auch hier eine Abgrenzung gegen nahestehende Formen wegen der mangelhaften Angaben nicht durchführen.

Bei [38] *Laurinoxylon primigenium* SCHENK (1883) ist von einigen Autoren wegen der homogenen und meist eine, selten zwei Zellen breiten Markstrahlen die Zugehörigkeit zu den Lauraceen in Frage gestellt worden (FELIX 1886; SCHUSTER 1907; CHIARUGI 1929). KRÄUSEL (1939) stellte große Ähnlichkeit mit der Rutaceen-Gattung *Evodia* ST. HIL. fest und bezeichnete *Laurinoxylon primigenium* nach nochmaliger Beschreibung als *Evodioxylon primigenium* (SCHENK). VATER (1884) gibt in der Beschreibung von [28] *Laurinium brunswicense* VATER nur Maßangaben für Breite und Höhe der Markstrahlen. Es ist also auch hier kaum möglich, Beziehungen zu anderen Hölzern zu erkennen. Die Zugehörigkeit zu den Lauraceen ist fraglich.

CASPARY (1887, 1889) hat drei angebliche Lauraceen-Hölzer als [39] *Laurus biseriata*, [40] *L. triseriata* und [41] *L. perseoides* beschrieben. Die genaue Darstellung mit sorgfältig und gut ausgeführten Zeichnungen wurde von TRIEBEL (CASPARY 1889) aus dem handschriftlichen Nachlaß CASPARYs herausgegeben. In den Beschreibungen werden Zahlenwerte (Minimum-, Maximum- und Mittelwerte) von den einzelnen Merkmalen gegeben, so daß sie für Vergleichszwecke zu gebrauchen sind. Die Zugehörigkeit von *L. perseoides* zu den Lauraceen wird schon von GOTHAN (1908) wegen der auffällig breiten Markstrahlen bezweifelt. Gewiß sind die 1—7, meist 5—6 Zellen breiten Markstrahlen für Lauraceen ungewöhnlich, aber nach den heutigen Kenntnissen steht fest, daß dieses Merkmal sehr schwanken kann und daß vor allem im Wurzelholz oft sehr breite und hohe Markstrahlen ausgebildet werden. TUPPER (1927) teilt z. B. für *Beilschmidia tawa* HOOK. mit, daß die Markstrahlen oft mehr als 5 Zellen breit und auffallend groß sind. GOTHANs Einwand besteht aber in anderer Beziehung zu Recht, denn aus den sonst sorgfältigen Beschreibungen und Zeichnungen CASPARYs geht in keiner Weise hervor, daß die drei Formen im Kreuzungsfeld der Markstrahlen auffällig vergrößerte, einseitig behöfte Tüpfel besitzen. Da dieses Merkmal für die Familie der Lorbeergehölze sehr charakteristisch ist, geht es nicht an, zumal auch Sekretzellen fehlen, sie weiterhin zu den Lorbeerhölzern zu stellen. CASPARYs *Laurus biseriata* zeigt außerdem selten einzelstehende Gefäße und sehr auffällige Reihen- und auch Gruppenbildungen mit vorwiegend apotrachealem Holzparenchym, alles Merkmale, die gelegentlich bei Lauraceen vorkommen können, aber dann doch mehr oder weniger als Ausnahme zu gelten haben.

Die Beschreibungen von [29] *Laurinoxylon branneri* und [30] *L. lesquereuxianum* durch KNOWLTON (1891) sind für einen Vergleich mit anderen Holzresten nicht zu gebrauchen, weil keinerlei Zahlenangaben gemacht werden. Für die erste Art werden später von PENHALLOW (1907) und für beide von BERRY (1916, 1924) neue, angeblich gleichartige Funde erwähnt, jedoch ist es fraglich, ob sie mit der ursprünglichen Form übereinstimmen, da dabei keine Neuuntersuchungen vorgenommen wurden. Die von BERRY (1924, Taf. 21, Abb. 1, 2) für *L. branneri* gegebene Abbildung spricht nicht für ein Lauraceenholz (deutliches reticulates Bänderparenchym). Die Zugehörigkeit zu den Lauraceen ist daher fraglich. [42] *Laurinoxylon pulchrum*, von KNOWLTON (1899) beschrieben, zeigt keine Verwandtschaft mit den Lorbeergehölzen. Es fehlen bei diesem Fossil die für die Familiencharakteristik wichtigen heterogenen Markstrahlen und die vergrößerten, einseitig behöften Tüpfel im Kreuzungsfeld der Markstrahlen; Ölidioblasten sind nicht vorhanden. [31] *Laurinoxylon albiense* ist von FLICHE (1905) so mangelhaft beschrieben worden, daß es für eine Identifizierung mit einem anderen fossilen Holz nicht zu verwenden ist; auch die Familienzugehörigkeit läßt sich nicht erkennen. JEFFREY u. CHRYSLER (1906) haben von [32] *Laurinoxylon brandonianum* eine für Vergleiche ebenfalls wenig brauchbare Beschreibung geliefert. Jedoch unterscheidet sich dieses Holz deutlich durch die reichliche Parenchymbänderung im Spätholz von allen anderen bisher bekannt gewordenen *Laurinoxylon*-Arten. Für die fünf letztgenannten Hölzer läßt sich somit nicht sagen, ob sie zu den Lauraceen gehören, jedenfalls geht dies aus den Beschreibungen nicht hervor; hier kann nur eine Neubearbeitung Klarheit schaffen.

[1] *Laurinoxylon tigurinum* (SCHUSTER) BERGER und [2] *L. algovicum* (SCHUSTER) SÜSS hat SCHUSTER (1907 u. 1909) beschrieben. Hierbei werden gut brauchbare Angaben gemacht, die es ermöglichen, diese beiden Hölzer mit anderen fossilen Holzresten zu vergleichen. SCHUSTER führte diese beiden Hölzer wegen der großen Ähnlichkeit mit der rezenten Lauraceengattung *Ocotea* AUBL. unter dem Gattungsnamen *Ocoteoxylon*. Es wurde bereits darauf hingewiesen, daß bei Lauraceen eine Trennung nach holzanatomischen Merkmalen in verschiedene Gattungen bis heute nicht mit Sicherheit durchführbar ist (KNOBLAUCH 1908; RECORD u. HESS 1942, 1943; STERN 1954) und daher alle fossilen Lauraceenhölzer unter dem Gattungsbegriff *Laurinoxylon* zusammengefaßt werden müssen (GOTHAN 1908).

[20] *Laurinoxylon californicum* (PLATEN) SÜSS wird von PLATEN (1908) unter dem Gattungsnamen *Perseoxylon* wohl unter Beifügung einiger Maßangaben beschrieben, jedoch kann man danach, genau wie bei den FELIXschen Arbeiten, nähere Vergleiche nicht vornehmen. Bei der Bestimmung seines Holzes schreibt PLATEN: ,,Es unterscheidet sich von allen bekannten fossilen Perseenhölzern durch den Besitz gefächerten Libriforms und das Vorkommen von Sekretschläuchen im Innern der Markstrahlkomplexe. Gegen *Perseoxylon aromaticum* FELIX und *Perseoxylon diluviale* UNG. sp. FELIX differiert es außerdem noch durch den Mangel an Sekretschläuchen innerhalb des Libriforms.“ Der Autor verwendet also für die Formabgrenzung Merkmale, die man später als ziemlich unwichtig erkannt hat (vgl. KRÄUSEL 1924). Während sich *Laurinoxylon californicum* (PLATEN) SÜSS von *L. diluviale* (UNG.) FELIX durch die engeren Gefäße unterscheidet, kann man es nach der Beschreibung von PLATEN nicht von *Laurinoxylon aromaticum* FELIX und *L. antiquum* (FELIX) BERGER trennen. Es besteht also die Möglichkeit, daß diese drei Hölzer weitgehend übereinstimmen. Leider fehlen in allen drei Beschreibungen genauere Angaben über die Wandstärke der Libriformfasern. In der gleichen Arbeit beschreibt PLATEN ferner [21] *Laurinoxylon eberi* (PLATEN) SÜSS ebenfalls unter der Gattungsbezeichnung *Perseoxylon*, das sich durch die sehr niedrigen Markstrahlzellen als eigene Form von den bisher beschriebenen fossilen Lauraceen abgrenzt, eine nähere Vergleichsmöglichkeit mit nahestehenden Formen ist jedoch durch die sonst mangelhaften Angaben erschwert. Eine Eigentümlichkeit bilden bei den beiden Hölzern PLATENs die sehr dickwandigen Sekretzellen, die bei *Laurinoxylon eberi* eine Wandstärke bis 12 μ erreichen. Sonst zeichnen sich diese Zellen gerade durch ihre Dünnwandigkeit aus.

GOTHAN (1908) gibt zwar eine treffende allgemeine Beschreibung für sein [43] *Laurinoxylon uniseriatum*, teilt aber keine genaueren Maße mit. Das Holz ist durch die ausnahmslos einreihigen Markstrahlen von anderen fossilen Lauraceenhölzern auffallend unterschieden. Unter den rezenten Holzbeschreibungen der Lauraceen ist mir kein Fall mit nur einreihigen

Markstrahlen bekannt geworden. Es ist nicht sehr wahrscheinlich, daß dieses Fossil überhaupt zur Familie der Lauraceen gehört. GOTHAN meint, daß die Monimiaceen sich von den Lauraceen vor allem dadurch unterscheiden, daß dort die leiterförmige Gefäßperforation die Regel ist; nach neueren Untersuchungen (STERN 1954) ist dies aber nicht der Fall, es tritt einfache neben leiterförmiger Perforation auf. KRÄUSEL (1924) beschreibt ein fossiles Holz aus Patagonien und identifiziert es mit *Laurinoxylon uniseriatum* GOTHAN. Er stellt die Familienzugehörigkeit wegen der einreihigen Markstrahlen sehr in Frage. Nach der Anordnung der Gefäße stimmt es nach KRÄUSEL mit der Monimiaceengattung *Laurelia* JUSS. gut überein; da jedoch die Markstrahlen bei den Monimiaceen in der Regel breiter als bei den Lauraceen sein sollen und der Bau der Markstrahlen das beständigere Merkmal sein soll, ist es seiner Meinung nach „wahrscheinlicher, daß das fossile Holz einer Lauracee angehört". GOTHAN beschreibt 1908 ein weiteres Fundstück aus der Antarktis als [37] *Laurinoxylon?* sp., das er wegen seines schlechten Erhaltungszustandes nicht näher bestimmen konnte. Nach der kurzen Beschreibung und nach den Abbildungen zu urteilen, dürfte es mit den heutigen Kenntnissen evtl. möglich sein, eine genauere Bestimmung durchzuführen.

Die sonst gute Beschreibung eines Kieselholzes als [22] *Laurinium haasii* durch WETZEL (1913) läßt bis auf die maximale Gefäßweite jegliche Zahlenangaben vermissen, so daß ein genauerer Vergleich mit anderen Formen unmöglich ist. Immerhin ist der Rest durch leiterförmige Gefäßperforationen und sehr enge Gefäße (bis 85 μ), eine Merkmalskombination, wie sie bis jetzt noch nicht beschrieben wurde, gut gekennzeichnet. Es dürfte sich tatsächlich um ein Lorbeerholz handeln: *Laurinoxylon haasii* (WETZEL) BERGER.

Eine eingehende Beschreibung mit guten Abbildungen und genauen Maßangaben, von einigen Merkmalen auch Mittelwerte, gibt G. SCHÖNFELD (1919) für [3] *Laurinoxylon radiatum* (G. SCHÖNFELD) BERGER. Danach läßt sich dieses Fossil sicher gegen andere Holzreste abgrenzen. Der Autor vergleicht sein Holz mit *Laurinoxylon tigurinum* (SCHUSTER) BERGER, *Laurus triseriatum* CASPARY und *Carpinoxylon pfefferi* PLATEN; letzteres gehört nach seiner Meinung vielleicht ebenfalls zu den Lauraceen. Wenn er hierbei auch wenig kennzeichnende Markstrahlmerkmale für die Formabgrenzung mit heranzieht, so werden doch auch diagnostisch wichtige Eigenschaften berücksichtigt. So hat *Laurinoxylon tigurinum* (SCHUSTER) BERGER leiterförmige Gefäßdurchbrechungen, *Laurus triseriatum* CASPARY wesentlich engere Gefäße. *Carpinoxylon pfefferi* PLATEN zeigt keine Zuwachszonen und hat vielstöckige aufrechte Kantenzellen; die Markstrahlen sind also sehr deutlich heterogen. BERRY (1922) beschreibt [33] *Laurinoxylon wilcoxianum* in ziemlich summarischer Art und Weise ohne Maßangaben, so daß aus den Angaben wenig zu entnehmen ist, auch nichts Sicheres über die Familienzugehörigkeit. Dagegen wird vom gleichen Autor 1924 [4] *Laurinoxylon bakeri* in recht vollständiger Weise beschrieben; die beigegebenen Mikrofotografien sind ausgezeichnet. Das Holz zeichnet sich u. a. durch sehr niedrige liegende Markstrahlzellen aus. BERRY (1924) beschreibt stehende Markstrahlzellen, die eine Verbindung übereinanderliegender Markstrahlen herstellen, wie sie in dieser Art für Lorbeerhölzer bisher noch nicht angegeben wurden; dennoch dürfte es sich um einen Lauraceenrest handeln.

Eine ausgezeichnete und vollständige Holzbeschreibung geben KRÄUSEL u. SCHÖNFELD (1924) für [5] *Laurinoxylon nectandroides*. In dieser Weise nach dem Vorbild von MOLL u. JANSSONIUS (vgl. KRÄUSEL 1924) durchgeführte Beschreibungen gestatten es, fossile Hölzer ohne Schwierigkeiten zu identifizieren und gegeneinander abzugrenzen. KRÄUSEL u. SCHÖNFELD schreiben: „SCHUSTER (1907) bezeichnet die Dickwandigkeit der Holzfasern als charakteristisches, allen Arten der Gattung *Nectandra* gemeinsames Merkmal." Diese Angabe SCHUSTERs kann nach neueren Untersuchungen nicht mehr aufrechterhalten werden; so geben RECORD u. HESS (1942) für die Gattung *Nectandra* ROLAND dünne bis dicke Libriformfaserwände an.

Die Beschreibung von [6] *Laurinoxylon desioi* von CHIARUGI (1929) ist sehr genau und mit guten Maßangaben versehen. Auch [7] *Laurinoxylon linderoides*, von E. SCHÖNFELD (1933) beschrieben, ist für einen Vergleich mit anderen Formen gut zu verwenden. Der Rest hat viel Ähnlichkeit mit *Laurinoxylon radiatum* (G. SCHÖNFELD) BERGER. E. SCHÖNFELD vergleicht sein *L. linderoides* mit jenem Rest und schreibt von seinem Holz: „Jedoch weist es deutlichere Bildung der Zuwachszonen auf, besitzt neben gefächertem auch ungefächertes Prosenchym und läßt an den Gefäßen keine Spiralverdickung erkennen." Er verwendet also zur Abgrenzung bis auf letztgenanntes Kennzeichen Merkmale, die eine Formabgrenzung nicht rechtfertigen, denn auch die Deutlichkeit der Jahresringausbildung kann sehr stark variieren. Im Wurzelholz bilden sich z. B. im allgemeinen viel schwächere Jahresringgrenzen als im Stamm- oder Astholz. Gefäße mit Spiralverdickungen sind bisher bei rezenten Lauraceenhölzern meines Wissens noch nicht beschrieben worden, werden aber neuerdings von E. SCHÖNFELD (1956) für eine fossile Form, [12] *Laurinoxylon parenchymatosum*, angegeben. Daß sich aber G. SCHÖNFELD, der selbst Arbeiten über Erhaltungszustände der Gefäßwände durchgeführt hat, getäuscht und gewisse Zersetzungserscheinungen (siehe S. 34) als Spiralverdickungen gedeutet haben sollte, ist nicht anzunehmen. Aus diesem Grunde scheint trotz der sonst großen Ähnlichkeit doch keine Identität zwischen beiden Hölzern vorzuliegen.

FRANCINI (1931) beschreibt ein Holz unklaren geologischen Alters aus einer alluvialen Ablagerung in China; es handelt sich um eine Versteinerung wahrscheinlich tertiärer Herkunft. Der als [44] *Laurinoxylon chinense* bezeichnete Rest wird trotz seiner wenig günstigen Erhaltung recht gut beschrieben, seine Zugehörigkeit zu den Lauraceen ist jedoch sehr unwahrscheinlich; denn Ölidioblasten und paratracheales Parenchym fehlen, dagegen sind einreihige metatracheale Parenchymbänder vorhanden, die dem Holz der Familie fremd sind.

BERGER (1950, 1953) beschreibt vier fossile Lauraceenhölzer. Seine erste Arbeit von 1950 befaßt sich mit [9] *Laurinoxylon hofmannae* und [9] *L. tauberi*. Die Beschreibungen dieser beiden Formen enthalten Maßangaben und eignen sich deshalb für einen Vergleich. Doch sind verschiedene Unklarheiten vorhanden; z. B. wird für die Gefäßwände eine Dicke von 15 μ angegeben. Sie hätten damit in der Dicke dasselbe Maß wie die Libriformfasern von *L. hofmannae* im Durchmesser; nach der Abbildung zu urteilen, kann sich die Maßangabe nur auf die doppelte Wanddicke beziehen. Ein derartiger Fehler kann dazu führen, daß spätere Autoren danach eine sonst gleiche Form als eigene abgrenzen. BERGER schreibt von den Markstrahlzellen: „Einzelzellen im Querschnitt radial länglich-rechteckig (Länge 14 μ, Breite 22 μ), im Tangentialschnitt polygonal." Ähnliche Formulierungen, bei denen es dem Leser selbst überlassen bleibt, sich zurechtzufinden, kommen auch in der späteren Arbeit (1953) über *L. weylandii* BERGER vor. Beide Hölzer, *L. hofmannae* und *L. tauberi*, unterscheiden sich nach den Angaben von BERGER nur in der Ausbildung der Gefäße (womit hauptsächlich die Gefäßdichte gemeint ist) und des Libriforms. Da aber der Dichte der Gefäße für die Formabgrenzung wenig Bedeutung zukommt und in der radialen Reihenbildung kein wesentlicher Unterschied besteht, beruht der Unterschied nur auf der Ausbildung des Libriforms. Letzteres Merkmal rechtfertigt jedoch kaum eine Formabgrenzung, da es ohne weiteres möglich sein kann, daß dieser Unterschied nur in der verschiedenen Ausbildung des Ast-, Stamm- oder Wurzelholzes liegt (hier macht sich wieder das Fehlen von vergleichenden holzanatomischen Untersuchungen bemerkbar). BERGER schreibt für *L. tauberi*, daß die Libriformfasern meist Reihen bilden, stellenweise aber ungeordnet sind und einen Durchmesser von 20—40 μ haben. Sehr wahrscheinlich hat hier der Autor Holzparenchymzellen mit zum Libriform gerechnet. Dies dürften die Zellen mit dem größeren Durchmesser sein, die auf seiner Taf. 2, Abb. 4 ungeordnet in der Nachbarschaft der Gefäße zu erkennen sind. Entgegen der Angabe BERGERS hat dieses Holz also schwach entwickeltes vasizentrisches Holzparenchym und unterscheidet sich im Durchmesser der Libriformfasern offenbar kaum von *L. hofmannae*. Auf Grund der vorgenommenen Prüfung der Beschreibungen und Abbildungen für die von BERGER (1950) aufgestellten Arten *Laurinoxylon hofmannae* und *L. tauberi* wird deshalb eine Vereinigung zu einer Art vorgenommen. Als Typus wird das von BERGER als *L. hofmannae* bezeichnete Stück bestimmt. Dieser Name ist damit die für die Form gültige Bezeichnung, während *L. tauberi* in die Synonymie verwiesen wird[1]).

Laurinoxylon tigurinum (SCHUSTER) BERGER steht nach BERGER seinem als *L. tauberi* beschriebenem Holz sehr nahe; letzteres unterscheidet sich nach BERGER nur durch das Fehlen von Zuwachszonen und einer deutlichen radialen Reihenbildung der Gefäße. In einer späteren Arbeit (1953b, S. 142, Fußnote 2) schreibt BERGER: „*Laurinoxylon tauberi* BERGER ... dürfte von *L. tigurinum* artlich wohl doch nicht abzutrennen sein.“ Eine nähere Begründung hierfür wird nicht gegeben. *Laurinoxylon tigurinum* (SCHUSTER) BERGER besitzt aber außer den schon angegebenen Unterschieden im Gegensatz zu *Laurinoxylon hofmannae* BERGER, in welche Art *L. tauberi* als Synonym einzubeziehen ist (siehe oben), reichlich Holzparenchym und dickere Libriformfaserwände (siehe Tabelle 14). Diese Verschiedenheiten dürften eine Trennung der beiden Arten rechtfertigen.

Ein angebliches Euphorbiaceenholz, *Paraphyllanthoxylon arizonense* BAILEY (1924), soll *L. hofmannae* sehr ähnlich sein. BERGER stellt daher ersteres ebenfalls zu den Lauraceen: [34] *Laurinoxylon arizonense* (BAILEY) BERGER. Ohne Nachuntersuchung des Originals erscheint dieser Schritt doch etwas gewagt. Die Beschreibung BAILEYs läßt zwar eine Verwandtschaft mit den Lauraceen vermuten, ist aber sehr kurz und ohne genauere Angaben, so daß eine sichere Beurteilung des Sachverhaltes nicht möglich ist. Die Beschreibung von [10] *Laurinoxylon ehrendorferi* BERGER (1953a) ist gut und mit vielen Maßzahlen versehen (leider handelt es sich nur um Maximalwerte), die nicht in jedem Fall ausreichend sind. BERGER grenzt das Holz eindeutig von *L. nectandroides* KRÄUSEL et SCHÖNFELD ab, stützt sich dagegen bei seinem Vergleich mit *L. diluviale* (UNGER) FELIX und *L. antiquum* (FELIX) BERGER auf Merkmale, die nach unseren Untersuchungen kaum für eine Formabgrenzung geeignet sind. Ebenso verhält es sich mit *Laurinoxylon aromaticum* FELIX. BERGER schreibt zwar, daß letzteres engere Gefäße aufweist. Nach den Angaben von KRÄUSEL u. SCHÖNFELD (1924) besitzt *L. aromaticum* meist $170 \times 130\ \mu$ weite Gefäße, *L. ehrendorferi* aber maximale Gefäßweiten von $200\ \mu$; große Unterschiede können also nicht vorhanden sein. *L. diluviale* (UNGER) FELIX hat dagegen bedeutend größere Gefäße (bis $300 \times 200\ \mu$) und ist dadurch deutlich verschieden von *L. ehrendorferi* BERGER. Vielleicht unterscheidet sich *L. ehrendorferi* im Gefäßquotienten (das Fossil hat auffallend tangential verbreiterte Gefäße) von allen hier angeführten Formen. Diesem Merkmal

$$\text{Gefäßquotient} = \frac{\text{rad. Gefäßdurchmesser}}{\text{tang. Gefäßdurchmesser}}$$

müßte man in Zukunft mehr Beachtung schenken, um zu prüfen, ob es wirklich artspezifischen Charakter hat. [11] *Laurinoxylon weylandii* BERGER (1953b) läßt sich nach der ausführlichen

[1]) Es wird eine verbesserte Diagnose für die Art *Laurinoxylon hofmannae* BERGER in ihrem jetzigen Umfang gegeben.

Diagnose: Sekundäres Holz der Formgattung *Laurinoxylon* FELIX mit Pauciporosa-Struktur, Zuwachszonen fehlen, Gefäße im Mittel $280\ \mu$ weit, im Querschnitt elliptisch, größerer Durchmesser in radialer Richtung, meist in radialen Reihen von 2—3 (bis 5), teilweise einzeln stehend, Gefäßwände dicht mit Hoftüpfeln besetzt, Wanddicke der Libriformfasern $5\ \mu$, Holzparenchym spärlich vasizentrisch, Markstrahlen zahlreich, heterogen, meist 2 Zellen breit und 10—12 Zellen hoch.

Typus: Stück von Baumgartner Spitz, Wien XIV, Sammlung Dr. F. A. TAUBER, Wien, Oberkreideflysch, beschrieben bei BERGER 1950: 17, Taf. 2, Abb. 3.

Weiteres Material, von BERGER (1950: 17, Taf. 2 Abb. 4—6) als *L. tauberi* beschrieben, in der gleichen Sammlung, aus Oberkreideflysch vom Hagenberg bei Lainz, Wien XIII, und aus dem Rosental bei Hütteldorf, Wien XIV.

Tabelle 14

Gegenüberstellung der für einen Vergleich brauchbaren Formen in ihren für die Formabgrenzung wichtigsten Merkmalen. Bei Nr. 1—20 ist sichere Formabgrenzung möglich, bei Nr. 21—29 Formabgrenzung unsicher (Zahlen in Klammern bedeuten Mittelwerte; Striche geben an, daß betreffendes Merkmal in der Beschreibung nicht enthalten ist)

Nr.	Form	Zuwachszonen	Gefäße			Höhe d. lieg. M.-Str.-Z. in μ	Markstrahl	Wanddicke des Libriforms in μ	Parenchym	Bemerkungen
			radialer Durchm. in μ	Perforation	Reihenbildg. (ab 3 Gef.)					
1.	*Laurinoxylon tigurinum* (SCHUSTER) BERGER	vorh.	112—280	leiterf.	vorh.	27—72	deutl. heterog.	(10)	verstreut	
2.	*L. algovicum* (SCHUSTER) SÜSS	keine	—	—	vorh.	(18)	deutl. heterog.	(3,5)	vasizentr.	größere Gefäße als *L. tigurinum* (SCHUSTER 1909)
3.	*L. radiatum* (G. SCHÖNFELD) BERGER	vorh.	25—220 (150) tang.	einfach	vorh.	20—40	deutl. heterog.	(5)	vasizentr.	kleinere Gefäße zeigen Spiralverdickung
4.	*L. bakeri* BERRY	vorh.	(100—150)	—	vorh.	(16)	deutl. heterog.	(4)	verstreut	Multiporosa-Typ
5.	*L. nectandroides* KRÄUSEL et SCHÖNFELD	keine	80—130 (100)	einfach	keine	(25)	deutl. heterog.	4—7	vasizentr.	
6.	*L. desioi* CHIARUGI	keine	160—350 (240)	einfach	vorh.	18—25	heterog.	1,5—2	verstreut (vasiz.)	
7.	*L. linderoides* E. SCHÖNFELD	vorh.	40—169	einfach	vorh.	26—52	deutl. heterog.	—	vasizentr.	
8.	*L. machiliforme* (WATARI) SÜSS	vorh.	(70—100)	leiterf.	vorh.	10—20	heterog.	2—5	vasizentr. verstreut	
9.	*L. hofmannae* BERGER (Syn. *L. tauberi* BERGER)	keine	(280)	—	vorh.	—	deutl. heterog.	(5)	spärlich vasizentr.	Gefäßwände 15 μ dick (?)
10.	*L. ehrendorferi* BERGER	vorh.	—200	—	vorh.	—	deutl. heterog.	sehr dick	vasizentr. bis aliform	Gefäße tangential-oval
11.	*L. weylandii* BERGER	vorh.	110—220 (160—180)	leiterf.	vorh.	20—50	deutl. heterog.	(3)	verstreut	
12.	*L. parenchymatosum* E. SCHÖNFELD	vorh.	40—159	einfach	vorh.	(15)—19	heterog.	(2)	vasizentr. (tangent. Bänder)	
13.	*L. aniboides* GREGUSS em. SÜSS	vorh.	65—280 (180)	leiterf.	vorh.	15—40 (25)	heterog.	(4)	vasizentr. (verstreut)	Multiporosa-Struktur

14.	*L. mueller-stollii* GREGUSS em. SÜSS	vorh.	85—240 (175)	einfach?	vorh.	12—30 (20)	heterog.	—2	vasizentr. (verstreut)	
15.	*L. seemannianum* MÄDEL	vorh.	45—180 (116)	einfach	vorh.	12—25 (20)	heterog.	(4)	vasizentr.	selten 3reih. Gefäßreihen; sehr große u. zahlr. Ölidioblasten
16.	*L. hasenbergense* SÜSS	vorh.	30—170 (70—100)	einfach	vorh.	15—50 (25—29)	deutl. heterog.	(3—4)	vasizentr.	
17.	*L. bergeri* SÜSS	vorh.	30—180 (110)	einfach	vorh.	15—45 (21—23)	deutl. heterog.	(2,5)	vasizentr.	Gefäße auffallend radial-oval
18.	*L. endiandroides* SÜSS	vorh.	30—135 (90)	einfach	vorh.	16—36 (26)	deutl. heterog.	(2,5)	aliform bis confluent	sehr viele und große Ölidioblasten
19.	*L. litseoides* SÜSS	vorh.	40—150 (95)	einfach	vorh.	10—26 (19)	deutl. heterog.	2	vasizentr.	Gefäßreihen bis 6
20.	*L. microtracheale* SÜSS	vorh.	40—65 (55)	einfach	vorh.	12—32 (21)	homo-bis heterog.	(2,5)	vasizentr.	
21.	*L. diluviale* (UNGER) FELIX	vorh.	—300 Frühholz — (80—100) Spätholz		vorh.	—	undeutl. heterog.	dünn	vasizentr.	Neigung zur Ringporigkeit
22.	*L. aromaticum* FELIX	—	—170	—	vorh.	—	undeutl. heterog.	mäßig dick	reichlich vasizentr.	
23.	*L. antiquum* (FELIX) BERGER	—	50—200 (150—200)	—	vorh.	—	—	—	vasizentr. bis aliform	
24.	*L. californicum* (PLATEN) SÜSS	vorh.	100—235	einfach	vorh.	—45	—	dick	vasizentr.	sehr dickwandige Ölidioblasten
25.	*L. eberi* (PLATEN) SÜSS	keine	20—200	einfach	vorh.	12	—	—	—	sehr dickwandige Ölidioblasten (12 μ)
26.	*L. meyeri* (FELIX) SÜSS	keine	120—300	—	—	—	heterog.	—	vasizentr.	
27.	*L. haasii* (WETZEL) BERGER	vorh.	—85	leiterf.	vorh.	—	—	—	verstreut	
28.	*L. iwamiense* (WATARI) SÜSS	vorh.	—230 (tangent.)	leiterf.	vorh.	—	heterog.	2—5	vasizentr. verstreut	
29.	*L. kuteense* (WATARI) SÜSS	vorh.	—200 (tangent.)	leiterf.	vorh.	—	heterog.	2—5	vasizentr.	

Beschreibung sicher von anderen Lauraceenresten abgrenzen (vgl. Tabelle 14). Auch hier werden aber beim Vergleich mit ähnlichen Hölzern Merkmale mit herangezogen, die als zu variabel erkannt worden sind, um sichere Maßstäbe für eine Formabgrenzung zu liefern.

Das von E. SCHÖNFELD (1956) beschriebene [12] *Laurinoxylon parenchymatosum* aus dem niederrheinischen Pliozän läßt sich durch die Spiralverdickungen an kleineren Gefäßen, den sehr niedrigen, meist 15 μ hohen liegenden Markstrahlzellen und dem Parenchym in radialen und tangentialen Bändern leicht von anderen Arten unterscheiden. E. SCHÖNFELD stellt in der sehr guten Arbeit ebenfalls Untersuchungen über den diagnostischen Wert der Markstrahlmerkmale an und kommt zu dem Ergebnis, daß Höhe und Breite der Markstrahlen diagnostisch von geringem Wert sind.

Über drei aus dem japanischen Miozän stammende und mit Sicherheit als Lauraceen erkannte Hölzer berichtet WATARI (1941, 1952). Das als [8] *Laurinoxylon machiliforme* (WATARI) SÜSS bezeichnete Holz ist ausführlich und genau beschrieben und läßt sich durch einen Gefäßdurchmesser von 70—100 μ, leiterförmige Gefäßdurchbrechungen und niedrige liegende Markstrahlzellen (10—20 μ) von anderen fossilen Lorbeerhölzern als eigene Form abgrenzen. Die Beschreibungen der beiden später veröffentlichten Reste [23] *Laurinoxylon iwamiense* (WATARI) SÜSS und [24] *L. kuteense* (WATARI) SÜSS sind dagegen nicht sorgfältig genug durchgeführt, so daß eine sichere Abgrenzung gegenüber anderen, ähnlichen Holzarten nicht möglich ist. Für die meisten diagnostisch wichtigen Merkmale fehlen genaue Angaben; so werden z. B. für die Gefäße nur Höchstwerte des tangentialen Durchmessers angeführt, und Angaben über die Größe der Markstrahlzellen vermißt man völlig. Nach der Beschreibung von WATARI (1952) können die beiden Hölzer nicht einmal mit Sicherheit als unter sich verschieden bezeichnet werden. Lediglich in der Form und Anordnung der einseitig behöften Tüpfel und in der Verteilung der Sekretzellen (bei *L. kuteense* auch im Holzparenchym) bestehen Unterschiede. Leider läßt sich bei dem gegenwärtigen Stand der Untersuchungen an fossilem Material über den diagnostischen Wert dieser Merkmale nichts sagen, und auch in der Literatur über rezente Lorbeerhölzer findet man keine entsprechenden Hinweise. Beide Hölzer zeigen in einigen Merkmalen Beziehungen zu *Laurinoxylon aniboides* GREGUSS emend. SÜSS (größter Gefäßdurchmesser, leiterförmige Gefäßdurchbrechungen, Reihenbildung der Gefäße, Wanddicke der Libriformfasern, Anordnung des Holzparenchyms). Letzteres Holz besitzt Multiporosa-Struktur, die beiden japanischen Hölzer dagegen Pauciporosa-Struktur, so daß eigentlich nur in der als Unterscheidungsmerkmal unwesentlichen Gefäßdichte ein Unterschied zu erkennen ist.

GREGUSS (1954) beschreibt als [13] *Laurinoxylon aniboides* und [14] *L. mueller-stollii* zwei Holzreste aus dem ungarischen Tertiär. Beide Beschreibungen sind sehr kurz und unvollständig; sie enthalten keine einzige Maßzahl bis auf die Gliederzahl der radialen Gefäßreihen und die Zellenzahl der Markstrahlen in der Breite und Höhe; die Beschreibungen sind dadurch kaum brauchbar und nicht einmal hinsichtlich der Familienzugehörigkeit beweisend. GREGUSS glaubt, *L. mueller-stollii* mit einem von MÜLLER-STOLL (1952) ohne Artbezeichnung abgebildeten Holz (Name!) nur wegen der Übereinstimmung eines (!) Markstrahles im Tangentialschnitt identifizieren zu können[1]). Dieses Holz, von dem MÜLLER-STOLL eine

[1]) Der ungarische Text bei GREGUSS (1954) lautet in Übersetzung: „MÜLLER-STOLL bringt das Bild eines aus dem Oligozän stammenden Lignites von *Laurinoxylon* sp., das in seiner Struktur vollkommen mit dem inneren Bau des in Ipolitarnóc gefundenen Fossils übereinstimmt. Abb. 43 der Tafel 17 zeigt auf der linken Seite von dem verkieselten Stamm von Ipolitarnóc eine vollständige Markstrahl-Struktur, während sich unmittelbar daneben, auf dem weißen Feld, das Bild des *Laurinoxylon* sp. von MÜLLER-STOLL befindet. Die Struktur der beiden stimmt vollkommen überein, so daß man ruhig behaupten kann, daß der bei Wiesa bei Kamenz in Deutschland gefundene Lignit und der fossile Stamm von Ipolitarnóc zur gleichen Art gehören. Die Markstrahlen sind sogar in den kleinsten Einzelheiten übereinstimmend."

Abbildung der Radial- und Tangentialansicht in einem anderen Zusammenhange und deshalb auch ohne Beschreibung veröffentlicht hat, lag mir zur Bearbeitung vor. Es handelt sich um das Stück Wiesa 20 meines Materials, das zu *Laurinoxylon hasenbergense* sp. nov. gehört. Prof. Dr. GREGUSS, Szeged, hat sich freundlicherweise bereit gefunden, das Originalmaterial zu seinen *Laurinoxylon*-Formen von Ipolytarnóc zwecks Nachuntersuchung zur Verfügung zu stellen. Diese ergab, daß in der Tat neue Formen vorliegen, die aber entgegen der Vermutung von GREGUSS nichts mit *Laurinoxylon hasenbergense* zu tun haben. Unter Beibehaltung der ursprünglichen Artnamen wurden sie als [13] *Laurinoxylon aniboides* GREGUSS em. SÜSS und [14] *L. mueller-stollii* GREGUSS em. SÜSS ausführlich neu beschrieben und abgebildet (SÜSS und MÄDEL 1958).

Die jüngste Mitteilung über ein fossiles Lauraceenholz stammt von MÄDEL (SÜSS u. MÄDEL 1958). Sie grenzt ihr dort beschriebenes [15] *Laurinoxylon seemannianum* wegen der weiteren Gefäße und dickeren Libriformfaserwände in Verbindung mit den sehr großen und zahlreichen Ölidioblasten von dem in vorliegender Arbeit beschriebenen ähnlichen *Laurinoxylon litseoides* sp. nov. eindeutig ab.

MENEGHINI (1857) veröffentlichte ein nicht näher bestimmbares Lauraceenholz als [35] *Laurus* sp., ebenfalls KNOWLTON (1891) ein [36] *Laurinoxylon*?. Es ist nicht möglich, selbst in bezug auf die Familienzugehörigkeit etwas Bestimmtes darüber auszusagen. E. SCHÖNFELD (1930) veröffentlichte aus dem Nachlaß von G. SCHÖNFELD eine Reihe von noch nicht näher bestimmten Hölzern; darunter befinden sich auch als [25] *Laurinium* und *Perseoxylon* bezeichnete Reste. Es ist wahrscheinlich, daß G. SCHÖNFELD diese Hölzer sicher als Lauraceen erkannt hatte.

3. Ergebnisse

Die kritische Durchsicht der Literatur ergab, daß 16 von den 40 bisher unter einem Artnamen beschriebenen Holzformen hinsichtlich der Zugehörigkeit zu den Lauraceen fragwürdig sind; teilweise handelt es sich um eindeutig falsche Bestimmungen. 24 Holzformen sind mit Sicherheit, teilweise mit großer Wahrscheinlichkeit zu den Lorbeerhölzern zu stellen. Von diesen sind 9 unzureichend beschrieben, so daß — abgesehen von der Familienzugehörigkeit — die Abgrenzung gegen andere Formen nicht oder nur ungenügend beurteilt werden kann. Nur bei 15 Holzformen ermöglicht die Beschreibung eine sichere Abgrenzung. Zu dieser letzten Gruppe kommen noch fünf in vorliegender Arbeit beschriebene Hölzer hinzu, so daß sich deren Anzahl auf 20 erhöht. Die bisher beschriebenen fossilen Lauraceenhölzer kann man demnach wie folgt einteilen (siehe auch S. 38ff.):

A. Zugehörigkeit zur Familie der Lauraceen gesichert.
   a) Formen mit guter bis ausreichender Charakterisierung der Art (20 Formen).
   b) Formen mit unbestimmter nicht ausreichender Charakterisierung der Art (9 Formen).

B. Familienzugehörigkeit fragwürdig oder wenigstens nicht eindeutig, da mangelhaft beschrieben (9 Formen).

C. Beschreibung ausreichend, aber Zugehörigkeit zu den Lauraceen zweifelhaft oder unzutreffend (7 Formen).

Es wurde festgestellt, daß *Laurinoxylon aromaticum* FELIX, *L. antiquum* (FELIX) BERGER und *L. californicum* (PLATEN) SÜSS vielleicht zur gleichen Form zu stellen sind. Bei *Laurinoxylon hofmannae* BERGER und *L. tauberi* BERGER können die angegebenen Merkmale die Trennung in zwei Arten nicht begründen; es wird deshalb eine Vereinigung vorgenommen (S. 46).

In Tabelle 14 sind die mit Sicherheit zu *Laurinoxylon* zu stellenden und hier besprochenen Formen mit ihren für die Formabgrenzung wichtigen Merkmalen aufgeführt; damit ist es möglich, bei derartigen Untersuchungen einen ersten groben Vergleich durchzuführen.

Zusammenfassung

1. Aus dem durch seine reichen Frucht- und Samenfunde bekannten tertiären Tonlager am Hasenberg bei Wiesa (Sachsen) werden fünf Lauraceenhölzer beschrieben: *Laurinoxylon hasenbergense* sp. nov., *L. bergeri* sp. nov., *L. endiandroides* sp. nov., *L. litseoides* sp. nov. und *L. microtracheale* sp. nov. Es sind dies die einzigen Holzreste von Angiospermen, die bisher unter den Ligniten von diesem Fundort nachgewiesen sind.

2. Das Material gestattete es, an einer größeren Zahl von Stücken die Merkmalsausbildung bei fossilen Lorbeerhölzern auf Grund der Variationsbreite auf ihren diagnostischen Wert zu prüfen. Die anatomischen Merkmale lassen sich in drei Gruppen gliedern: Zur ersten Gruppe gehören Merkmale mit besonderem formabgrenzenden Wert. Zur zweiten Gruppe werden Merkmale gestellt, die für die Diagnostik zwar wesentlich sind, aber wegen ihrer oft großen Veränderlichkeit nur in Verbindung mit der ersten Gruppe zur Formabgrenzung herangezogen werden können. Die Merkmale der dritten Gruppe sind hierfür nur von untergeordneter oder ohne Bedeutung.

3. Teilweise fanden sich in den gleichen Holzstücken zwei verschiedene Strukturtypen, die nach ihrem auffälligstem Unterscheidungsmerkmal, der Gefäßdichte, Multiporosa- und Pauciporosa-Struktur genannt werden. Die physiologisch-anatomische Bedeutung dieser Strukturen wird erörtert.

4. Bei der Mehrzahl der untersuchten Stücke handelt es sich eindeutig um Wurzelhölzer. Für das hier erstmals nachgewiesene, lignitisch erhaltene Wurzelholz fossiler Lorbeergewächse werden die Baueigentümlichkeiten besprochen.

5. Die in der Literatur als Lorbeerhölzer beschriebenen Fossilien werden einer kritischen Sichtung unterzogen. Von den 45 bisher unter einem Artnamen beschriebenen Holzformen gehören nur 29 mit Sicherheit oder großer Wahrscheinlichkeit zu den Lauraceen. Die in dieser Arbeit neu beschriebenen Formen sind dabei mitgerechnet. Bei den übrigen handelt es sich um zweifelhafte oder irrtümliche Bestimmungen.

6. Für die einzelnen Kapitel dieser Arbeit sind die hauptsächlichsten Ergebnisse auf den Seiten 16, 22, 37 und 51 zusammengestellt.

Der vorliegenden Arbeit liegt das Manuskript einer Dissertation der Mathematisch-Naturwissenschaftlichen Fakultät der Pädagogischen Hochschule Potsdam zugrunde (Berichterstatter: Prof. Dr. W. R. Müller-Stoll, Potsdam, und Prof. Dr. R. Kräusel, Frankfurt a. Main).

LITERATURVERZEICHNIS

ALTEN, P. v.: Beiträge zur vergleichenden Anatomie der Wurzeln, nebst Bemerkungen über Wurzelthyllen, Heterorhizie, Lentizellen. Bot. Ztg. **67**, 175 (1909).

BAILEY, I. W.: The problem of identifying the wood of cretaceous and later Dicotyledons: *Paraphyllanthoxylon arizonense*. Ann. Bot. **38**, 439—452 (1924).

BERGER, K.: Über eine reiche Fundstätte von Pflanzenresten der Tertiärzeit bei Kamenz in Sachsen. Natura Lusatica (Bautzen), Heft 2, 1—19 (1955).

BERGER, W.: Pflanzenreste aus dem Wienerwaldflysch. Sber. österr. Akad. Wiss. Wien, math.-nat. Kl. Abt. I, **159**, 11—24 (1950).

—: Jungtertiäre Pflanzenreste aus dem Gebiet der Ägäis (Lemnos, Thessaloniki). Ann. géol. Pays helléniques (Athen) **5**, 34—64 (1953a).

—: Ein Lauraceenholz aus dem Oberkreideflysch des Lainzer Tiergartens bei Wien: *Laurinoxylon weylandi* n. sp. Österr. bot. Z. **100**, 136—146 (1953b).

BERRY, E. W.: The lower eocene floras of south-eastern North America. U. S. geol. Surv., Prof. Paper **91** (1916).

—: Additions to the flora of the Wilcox group. U. S. geol. Surv., Prof. Paper **131** (A), 1—21 (1922).

—: The middle an dupper eocene floras of south-eastern North America. U. S. geol. Surv., Prof. Paper **92** (1924).

CASPARY, R.: Einige fossile Hölzer Preußens. Schriften physik.-ökon. Ges. Königsberg **28**, 27—45 (1887).

—: Einige fossile Hölzer Preußens. Herausgeg. v. R. TRIEBEL. Abh. geol. Spezialkarte Preußens **9** (2) mit Altas (1889).

CHIARUGI, A.: Legni fossili. Result. sci. Miss. Oasi di Giarabub (1926—27), III. Palaeont. 397—430, R. Soc. geogr. ital. Roma (1929).

EDWARDS, W. N.: Dicotyledones (Ligna). Fossilium Catalogus II: Plantae, Pars 17, Berlin 1931.

FELIX, J.: Untersuchungen über fossile Hölzer I. Z. dtsch. geol. Ges. **35**, 59—91 (1883).

—: Die Holzopale Ungarns in palaeophytologischer Hinsicht. Mitt. Jb. ungar. geol. Anst. **7**, 1—43 (1884).

—: Untersuchungen über fossile Hölzer II. Z. dtsch. geol. Ges. **38** 483—492 (1886).

—: Beiträge zur Kenntnis der fossilen Hölzer Ungarns. Mitt. Jb. ungar. geol. Anst. **8**, 145 —162 (1887).

—: Untersuchungen über fossile Hölzer IV. Z. dtsch. geol. Ges. **46**, 79—110 (1894).

—: Untersuchungen über fossile Hölzer V. Z. dtsch. geol. Ges. **48**, 249—260 (1896).

FLICHE, M. P.: Note sur des bois fossiles de Madagascar. Bull. Soc. géol. France **5**, 346—385 (1905).

FRANCINI, Eleonora: Sopra un legno fossile chinese. N. Giorn. bot. ital., n. Ser. **38**, 442—448 (1931).

GOTHAN, W.: Die fossilen Hölzer von der Seymour- und Snow-Hill-Insel. Wiss. Ergebn. schwed. Südpolar-Exped. 1901—1903, III/8, Stockholm 1908.

—: Braunkohle und Paläobotanik. Geologie **3**, 852—856 (1954).

GREGUSS, P.: Bestimmung der mitteleuroäpischen Laubhölzer und Sträucher auf xylotomischer Grundlage. Budapest 1945.

—: Les vestiges de bois silicifié du Miocène inférieur d'Ipolytarnóc.Földtani közlöny, Bull. Soc. geol. Hongrie **84**, 91—109 (1954).

HABERLANDT, G.: Physiologische Pflanzenanatomie. 6. Aufl., Leipzig 1924.

HÖHNEL, R. v.: Anatomische Untersuchungen über einige Sekretionsorgane. Sber. Akad. Wiss. Wien, Abt. I. math.-nat. Kl. **84** (1881).

HUBER, B.: Mikroskopische Untersuchungen von Hölzern. In: H. FREUND, Handbuch der Mikroskopie in der Technik, Bd. V (1), 79—192, Frankfurt a. M. 1951.

JANSSONIUS, H. H.: Mucilage cells and oil cells in the woods of the Lauraceae. Tropical Woods **6**, 3—4 (1926).

—: Mikrographie des Holzes der auf Java vorkommenden Baumarten. Band **9** u. **10**, Leiden 1928 u. 1930.

JEFFREY, E. C., u. M. A. CHRYSLER: The lignites of Brandon. Vermont geol. Surv., 5. Rep. State Geologist 1905/06, 195—201 (1906).

JURASKY, K. A.: Paläobotanische Braunkohlen-Studien II. Die Vorstellung vom „Braunkohlenwald“ als irrtümliches Schema. Senckenbergiana **10**, 111–118 (1928).

KIRCHHEIMER, F.: Die Mastixioideenflora der alttertiären Braunkohlenschichten von Wiesa bei Kamenz (Sachsen). Jahresh. naturw. Ver. Isis Kamenz/Sa. **10**, 1–32 (1940).

—: Laubblätter aus dem älteren Tertiär der Lausitz. Planta (Berl.) **33**, 91–150 (1942).

KLEIN, G.: Zur Äthiologie der Thyllen. Ztschr. f. Bot. **15**, 417–439 (1923).

KNOBLAUCH, E.: Anatomie des Holzes der Laurineen. Flora (Jena) **71**, 339 (1888).

KNOWLTON, F. H.: Description of fossil woods and lignites from Arkansas. Arkansas geol. Surv., annual Rept. for 1889 (II), 249–268 (1891).

—: Fossil flora of the Yellowstone National Park. Mon. U. S. geol. Surv. **32** (II), 651–882 (1899).

KNY, L.: Über das Dickenwachstum des Holzkörpers der Wurzeln in seiner Beziehung zur Lotlinie. Ber. dtsch. bot. Ges. **26**, 19–50 (1908).

KRÄUSEL, R.: Fossile Hölzer aus dem Tertiär von Süd-Sumatra. Verhandel. geol. Mijnb. Gen. Nederland en Kol. (geol. Ser.) **5**, 231–287 (1922).

—: Beiträge zur Kenntnis der fossilen Flora Südamerikas. I. Fossile Hölzer aus Patagonien und benachbarten Gebieten. Arkiv f. Bot. **19**, No. 9, 1–36 (1924).

—: Ergebnisse der Forschungsreisen Prof. E. STROMERs in den Wüsten Ägyptens. IV. Die fossilen Floren Ägyptens, T. 3. E-L. Abh. bayer. Akad. Wiss. München, math.-nat. Abt., N. F. **47** (1939).

—: Die Paläobotanischen Untersuchungsmethoden. 2. Aufl., Jena 1950.

KRÄUSEL, R., u. G. SCHÖNFELD: Fossile Hölzer aus der Braunkohle von Süd-Limburg. Abh. senckenb. naturf. Ges. **38**, 253–289 (1924).

KRÄUSEL, R., u. H. WEYLAND: Kritische Untersuchungen zur Kutikularanalyse tertiärer Blätter I. Palaeontographica **91** (B), 7–92 (1950).

KÜSTER, E.: Pathologische Pflanzenanatomie. 3. Aufl., Jena 1925.

LIESE, J.: Beiträge zur Anatomie und Physiologie des Wurzelholzes. Ber. dtsch. bot. Ges. **42**, 91–97 (1924).

MENEGHINI, J.: Paléontologie de l'Ile de Sardaigne. Turin 1857.

METCALFE, C. R., u. L. CHALK: Anatomy of the Dicotyledons. Oxford 1950.

MOELLER, J.: Beiträge zur vergleichenden Anatomie des Holzes. Denkschr. Akad. Wiss. Wien, math.-nat. Kl. **36**, 297–426 (1876).

MOHL, H. v.: Einige anatomische und physiologische Untersuchungen über das Holz der Baumwurzeln. Bot. Ztg. **20**, 225, 269, 281, 289 (1862).

MÜLLER-STOLL, H.: Über die Erhaltungsfähigkeit des Holzes tertiärer Bäume und Sträucher. Senckenbergiana **28**, 67–94 (1947).

MÜLLER-STOLL, W.: Mikroskopie des zersetzten und fossilisierten Holzes. In: H. FREUND, Handbuch der Mikroskopie in der Technik, Bd. V (2), 725–816, Frankfurt a. M. 1951.

PENHALLOW, O. P.: Notes on fossil woods from Texas. Trans. roy. Soc. Canada, Ser. III/1, Sect. IV, 93–114 (1907).

PLATEN, P.: Untersuchungen fossiler Hölzer aus dem Westen der Vereinigten Staaten von Nordamerika. Diss. Leipzig 1908.

POHL, F.: Vergleichende Anatomie von Drainagezöpfen, Land- und Wasserwurzeln. Beih. bot. Cbl. **42** (I), 229–262 (1926).

—: Ein Beitrag zur Abhängigkeit des Wurzelholzes von äußeren Faktoren. Forstw. Zbl. **49**, 271 (1927).

QUITZOW, H. W.: Über das geologische Alter der jüngeren Braunkohlenablagerungen und den stratigraphischen Wert pflanzlicher Reste. Z. dtsch. geol. Ges. **104**, 354–378 (1953).

RECORD, S. J., u. R. W. HESS: American timbers of the family Lauraceae. Tropical Woods **69**, 7–33 (1942).

—: Timbers of the New World. New Haven 1943.

RIEDL, H.: Bau und Leistungen des Wurzelholzes. Jb. f. wiss. Bot. **85**, 1–75 (1937).

SCHENK, A.: Fossile Hölzer. In: K. ZITTEL, Beiträge zur Geol. u. Pal. der Libyschen Wüste, Teil II, Abt. 1. Palaeontographica **30**, 1–19 (1883).

SCHÖNFELD, E.: Sächsische Braunkohlenhölzer. Untersucht und bestimmt von G. SCHÖNFELD. Sber. naturw. Ges. Isis Dresden für 1929, 68–70 (1930).

—: Ein neues fossiles Lauraceenholz aus der Umgebung von Dresden. N. Jb. Min. usw., Beil.-Bd. **71** (B), 329–338 (1933).

—: Ein Lauraceenholz aus dem Pliozän Westdeutschlands. Geol. Jb. **71**, 711–724 (1956).

SCHÖNFELD, G.: Über einige neue Funde fossiler Hölzer aus der Umgebung Dresdens. Sber. naturw. Ges. Isis Dresden für 1918, 3–16 (1919).

—: Über unsere Braunkohlenwälder und die Entstehung der Braunkohlenflöze. Ber. Freiberger geol. Ges. **10**, 18–24 (1925).

SCHUSTER, J.: Über ein fossiles Holz aus dem Flysch des Tegernseer Gebietes. Geogn. Jahreshefte **19**, für 1906, 139–152 (1907).

—: Paläobotanische Notizen aus Bayern. 5. Über ein oberoligozänes Lorbeerholz aus dem Allgäu. Ber. bayer. bot. Ges. **12**, 54–56 (1909).

SOLEREDER, H.: Systematische Anatomie der Dikotyledonen. Stuttgart 1898.

STERN, W. L.: Comparative anatomy of xylem and phylogeny of Lauraceae. Tropical Woods **100**, 1–72 (1954).

SÜSS, H., u. E. MÄDEL: Über Lorbeerhölzer aus miozänen Schichten von Randeck (Schwäbische Alb) und Ipolytarnóc (Ungarn). Geologie (Berl.) **7**, H. 1 (1958).

THOMPSON, W. P.: On the origin of multiseriate rays in Dicotyledons. Ann. Bot. **25** (II), 1005–1014 (1911).

TUPPER, W. W.: A comperative study of Lauraceous woods. Amer. J. Bot. **14**, 520–524 (1927).

UNGER, F.: Synopsis lignorum fossilium plantarum acramphibryarum. In: ENDLICHER, Genera plantarum. Suppl. 2, Appendix, S. 100–102, Wien 1842.

—: Synopsis plantarum fossilium. Leipzig 1845.

—: Chloris protogaea. Leipzig 1847.

—: Genera et species plantarum fossilium. Wien 1850.

VATER, H.: Die fossilen Hölzer der Phosphoritlager des Herzogthums Braunschweig. Z. dtsch. geol. Ges. **36**, 783–853 (1884).

WATARI, S.: Studies on the fossil woods from the Tertiary of Japan I. Fossil woods from river Mabeti, Anatai village, Ninohe district, Iwate prefecture. Jap. J. Bot. **11**, 385–416 (1941).

—: Dicotyledonous woods from the Miocene along the Japan-sea side of Honsyu. J. Fac. Sci. Tokyo, Sect. III Bot., **6** (3), 97–134 (1952).

WETZEL, W.: Über ein Kieselholzgeschiebe mit Teredonen aus den Holtenauer Kanalaufschlüssen. Jber. niedersächs. geol. Ver. **6**, 20–59 (1913).

WEYLAND, H.: Beiträge zur Kenntnis der rheinischen Tertiärflora VI. Vierte Ergänzungen und Berichtigungen zur Flora der Blätterkohle und des Polierschiefers von Rott im Siebengebirge. Palaeontographica **87** (B), 93–136 (1943).

TAFEL-ERKLÄRUNGEN

TAFEL 1

Laurinoxylon hasenbergense sp. nov.

Abb. 1. Querschnittsbild einer Pauciporosa-Struktur mit relativ engen Gefäßen, die Anordnung von Libriformfasern, Gefäßen, Markstrahlen, Holzparenchym, Ölidioblasten und einer Jahresringgrenze zeigend. Präp. Wiesa 2a. Vergr. 115×

Abb. 2. Querschnittsbild einer Pauciporosa-Struktur mit relativ weiten Gefäßen. Präp. Wiesa 3a. Vergr. 115×

Abb. 3. Übersichtsbild einer Pauciporosa-Struktur im Querschnitt, zwei Jahresringgrenzen zeigend. Präp. Wiesa 4a. Vergr. 25×

Abb. 4. Übersichtsbild einer Multiporosa-Struktur im Querschnitt mit mehreren Jahresringen. Präp. Wiesa 5a. Vergr. 25×

TAFEL 2

Laurinoxylon hasenbergense sp. nov.

Abb. 1. Querschnittsbild einer Multiporosa-Struktur mit einer Jahresringgrenze. Präp. Wiesa 1a (Typus). Vergr. 115×

Abb. 2. Querschnittsbild einer Multiporosa-Struktur, radiale Reihenbildung über drei Zuwachszonen hinweg zeigend. Präp. Wiesa 6a. Vergr. 115×

Abb. 3. Querschnittsbild einer Multiporosa-Struktur mit drei Jahresringgrenzen. Präp. Wiesa 5a. Vergr. 115×

Abb. 4. Querschnittsbild einer Pauciporosa-Struktur. Präp. Wiesa 1a (Typus). Vergr. 115×

Abb. 5. Radialer Längsschnitt, vergrößerte, einseitig behöfte Tüpfel zwischen Gefäßen und Markstrahlen. Präp. Wiesa 7a. Vergr. 450×

Abb. 6. Tangentialer Längsschnitt, lochförmige Durchbrechung eines mit Hoftüpfeln besetzten Gefäßes. Präp. Wiesa 1c (Typus). Vergr. 450×

TAFEL 3

Laurinoxylon hasenbergense sp. nov.

Abb. 1. Tangentialer Längsschnitt einer Pauciporosa-Struktur mit extrem niedrigen und schmalen Markstrahlen. Präp. Wiesa 1d (Typus). Vergr. 115×

Abb. 2. Tangentialer Längsschnitt einer Pauciporosa-Struktur mit normalen Markstrahlen. Präp. Wiesa 1e (Typus). Vergr. 115×

Abb. 3. Tangentialer Längsschnitt einer Pauciporosa-Struktur mit extrem hohen und breiten Markstrahlen. Präp. Wiesa 2c. Vergr. 115×

Abb. 4. Tangentialer Längsschnitt einer Pauciporosa-Struktur. Rechts im Bild faserähnlich zusammengesetztes paratracheales Holzparenchym mit zwei getüpfelten Parenchymzellen. Präp. Wiesa 8a. Vergr. 115×

Abb. 5. Tangentialer Längsschnitt einer Multiporosa-Struktur mit extrem hohen und breiten Markstrahlen. Präp. Wiesa 9a. Vergr. 115×

TAFEL 4

Laurinoxylon hasenbergense sp. nov.

Abb. 1. Querschnittsbild der inneren Holzzone einer Pauciporosa-Struktur mit primärem Xylem und zahlreichen engen Gefäßen. Präp. Wiesa 10a. Vergr. 115×

Abb. 2. Paratracheales Holzparenchym in Radialansicht, die einseitig behöften Tüpfel zeigend. Präp. Wiesa 7a. Vergr. 450×

Abb. 3. Querschnittsbild, zeigt einen plötzlichen Übergang von einer Pauciporosa- in eine Multiporosa-Struktur. Präp. Wiesa 3a. Vergr. 25×

Abb. 4. Radialer Längsschnitt, zwei lochförmige, ovale Durchbrechungen der Gefäße zeigend. Präp. Wiesa 11 a. Vergr. 450×

Abb. 5. Tangentialansicht einer Knäuelbildung. Präp. Wiesa 2b. Vergr. 115×

Abb. 6. Paratracheales Holzparenchym in Radialansicht, die einseitig behöften Tüpfel zeigend. Präp. Wiesa 7. Vergr. 450×

TAFEL 5

Laurinoxylon hasenbergense sp. nov.

Abb. 1. Runde Hoftüpfel auf tangentialer Gefäßwand mit spaltenförmigem Porus. Präp. Wiesa 1e (Typus). Vergr. 850×

Abb. 2. Ovale Hoftüpfel auf tangentialer Gefäßwand mit rundem Porus. Präp. Wiesa 12a. Vergr. 850×

Abb. 3. Zerstreute Hoftüpfelstellung auf der radialen Gefäßwand. Präp. Wiesa 9a. Vergr. 450×

Abb. 4. Tangentialer Längsschnitt, die einseitig behöften Tüpfel einer Parenchymzelle gegenüber den Gefäßen zeigend. Präp. Wiesa 3b. Vergr. 450×

Abb. 5. Mit Hoftüpfeln besetzte Gefäße in tangentialer Ansicht. Präp. Wiesa 11a. Vergr. 115×

TAFEL 6

Abb. 1. *Laurinoxylon bergeri* sp. nov. Querschnittsbild der Pauciporosa-Struktur, die Anordnung von Libriformfasern, Gefäßen, Markstrahlen, Holzparenchym, Ölidioblasten und einer Jahresringgrenze zeigend Präp. Wiesa 50a (Typus). Vergr. 115×

Abb. 2. *Laurinoxylon bergeri* sp. nov. Übersichtsbild der Pauciporosa-Struktur im Querschnitt mit vier Jahresringgrenzen. Präp. Wiesa 50a (Typus). Vergr. 25×

Abb. 3. *Laurinoxylon endiandroides* sp. nov. Übersichtsbild des Querschnittes mit vier Jahresringgrenzen. Präp. Wiesa 52a (Typus). Vergr. 25×

Abb. 4. *Laurinoxylon endiandroides* sp. nov. Querschnittsbild, die Anordnung von Libriformfasern, Gefäßen, Markstrahlen, Holzparenchym, Ölidioblasten und einer Jahresringgrenze zeigend. Präp. Wiesa 52a (Typus). Vergr. 115×

Abb. 5. *Laurinoxylon endiandroides* sp. nov. Tangentialer Längsschnitt, die sehr auffälligen Ölidioblasten an den Kanten der Markstrahlen zeigend. Links im Bild paratracheales Holzparenchym. Präp. Wiesa 52b (Typus). Vergr. 115×

TAFEL 7

Abb. 1. *Laurinoxylon hasenbergense* sp. nov. Heterogener Markstrahl in Radialansicht. Präp. Wiesa 13a. Vergr. 115×

Abb. 2. *Laurinoxylon hasenbergense* sp. nov. Querschnittsbild zeigt eine zwischen zwei Pauciporosa-Strukturen auskeilende Multiporosa-Struktur. Präp. Wiesa 5a. Vergr. 25×

Abb. 3. *Laurinoxylon hasenbergense* sp. nov. Heterogener Markstrahl mit Ölidioblasten in Radialansicht. Präp. Wiesa 13a. Vergr. 115×

Abb. 4. *Laurinoxylon endiandroides* sp. nov. Heterogene Markstrahlen mit Ölidioblasten in Radialansicht. In Bildmitte paratracheales Holzparenchym. Präp. Wiesa 52c (Typus). Vergr. 115×

Abb. 5. *Laurinoxylon litseoides* sp. nov. Markstrahlen mit Ölidioblasten und Gefäßen in Tangentialansicht. Präp. Wiesa 53a (Typus). Vergr. 115×

Abb. 6. *Laurinoxylon bergeri* sp. nov. Tangentialer Längsschnitt einer leicht verwachsenen Holzzone mit Pauciporosa-Struktur; schmale und niedrige Markstrahlen. Präp. Wiesa 50b (Typus). Vergr. 115×

Abb. 7. *Laurinoxylon bergeri* sp. nov. Tangentialer Längsschnitt einer normalen Holzzone mit Pauciporosa-Struktur. Präp. Wiesa 50c (Typus). Vergr. 115×

TAFEL 8

Laurinoxylon litseoides sp. nov.

Abb. 1. Querschnittsbild, die Anordnung von Libriformfasern, Gefäßen, Markstrahlen, Holzparenchym, Ölidioblasten und zweier Jahresringgrenzen zeigend. Präp. Wiesa 53b (Typus). Vergr. 115×

Abb. 2. Holzparenchymzellen in Radialansicht, die einseitig behöften Tüpfel zeigend. Zellen von Pilzhyphen durchzogen. Präp. Wiesa 53c (Typus). Vergr. 850×

Abb. 3. Tangentialansicht eines mit Hoftüpfeln besetzten Gefäßes. Präp. Wiesa 53c (Typus). Vergr. 850×

Abb. 4. Tangentialansicht eines Gefäßes, Gefäßwand mit spiralstreifiger Zersetzung zeigend. Präp. Wiesa 53c (Typus). Vergr. 450×

Abb. 5. Markstrahlen mit Ölidioblasten, Holzparenchym und Libriformfasern in Radialansicht. Präp. Wiesa 53a (Typus). Vergr. 115×

Abb. 6. Gefäßverlauf in Radialansicht mit spiralstreifiger Zersetzung. Präp. Wiesa 53a (Typus). Vergr. 115×

TAFEL 9

Laurinoxylon microtracheale sp. nov.

Abb. 1. Querschnittsbild, die Verteilung von Libriformfasern, Gefäßen, Markstrahlen, Holzparenchym und Ölidioblasten zeigend. Präp. Wiesa 54a (Typus). Vergr. 115×

Abb. 2. Wundholzbildung (Markfleck) in Tangentialansicht. Präp. Wiesa 54b (Typus). Vergr. 450×

Abb. 3. Holzzone mit breiten, fast homogenen Markstrahlen in Tangentialansicht. An den Enden der Markstrahlen vereinzelt Ölidioblasten. Präp. Wiesa 54b (Typus). Vergr. 115×

Abb. 4. Heterogene Markstrahlen mit Ölidioblasten in Radialansicht. Präp. Wiesa 54b (Typus). Vergr. 115×

Abb. 5. Holzzone mit schmalen und deutlich heterogenen Markstrahlen in Tangentialansicht. Präp. Wiesa 54b (Typus). Vergr. 115×

Abb. 6. Radialschnitt, eine einfache lochförmige, ovale Durchbrechung zeigend. Wiesa 54b (Typus). Vergr. 450×

Abb. 7. Radialschnitt, Gefäß mit getüpfelten Thyllen zeigend. Präp. Wiesa 54b (Typus). Vergr. 450×

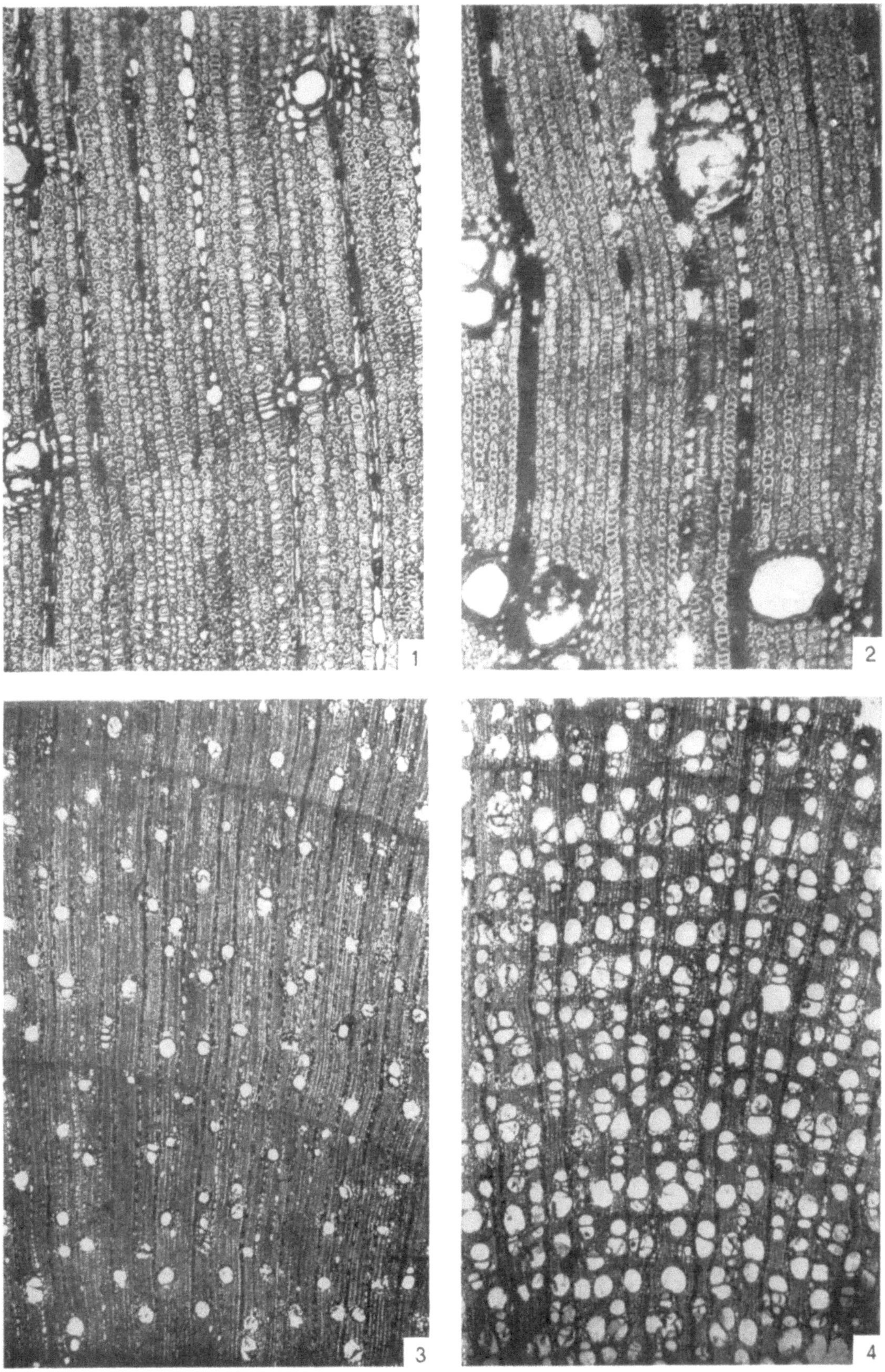
1
2
3
4

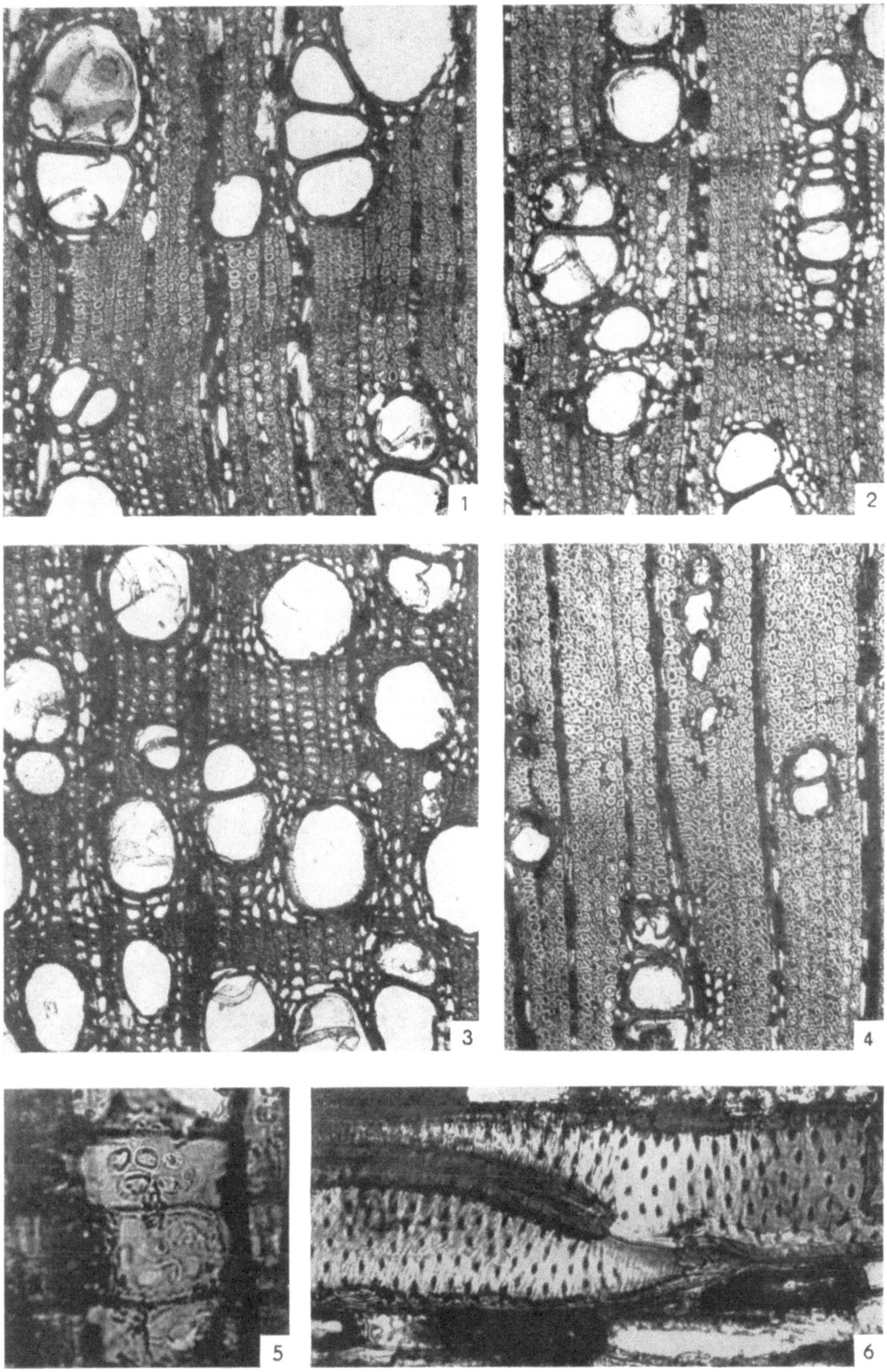

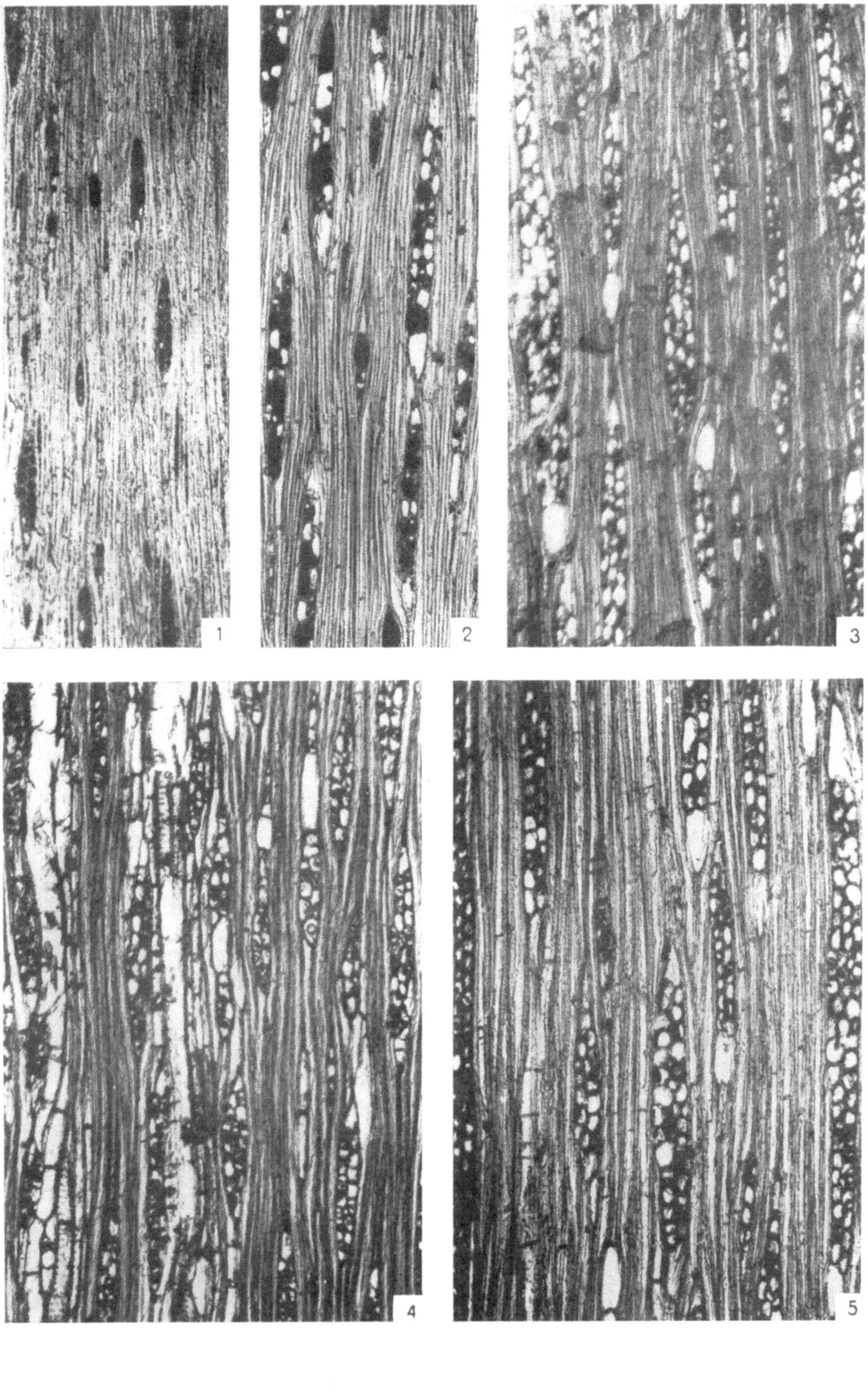

1
2
3
4
5
6

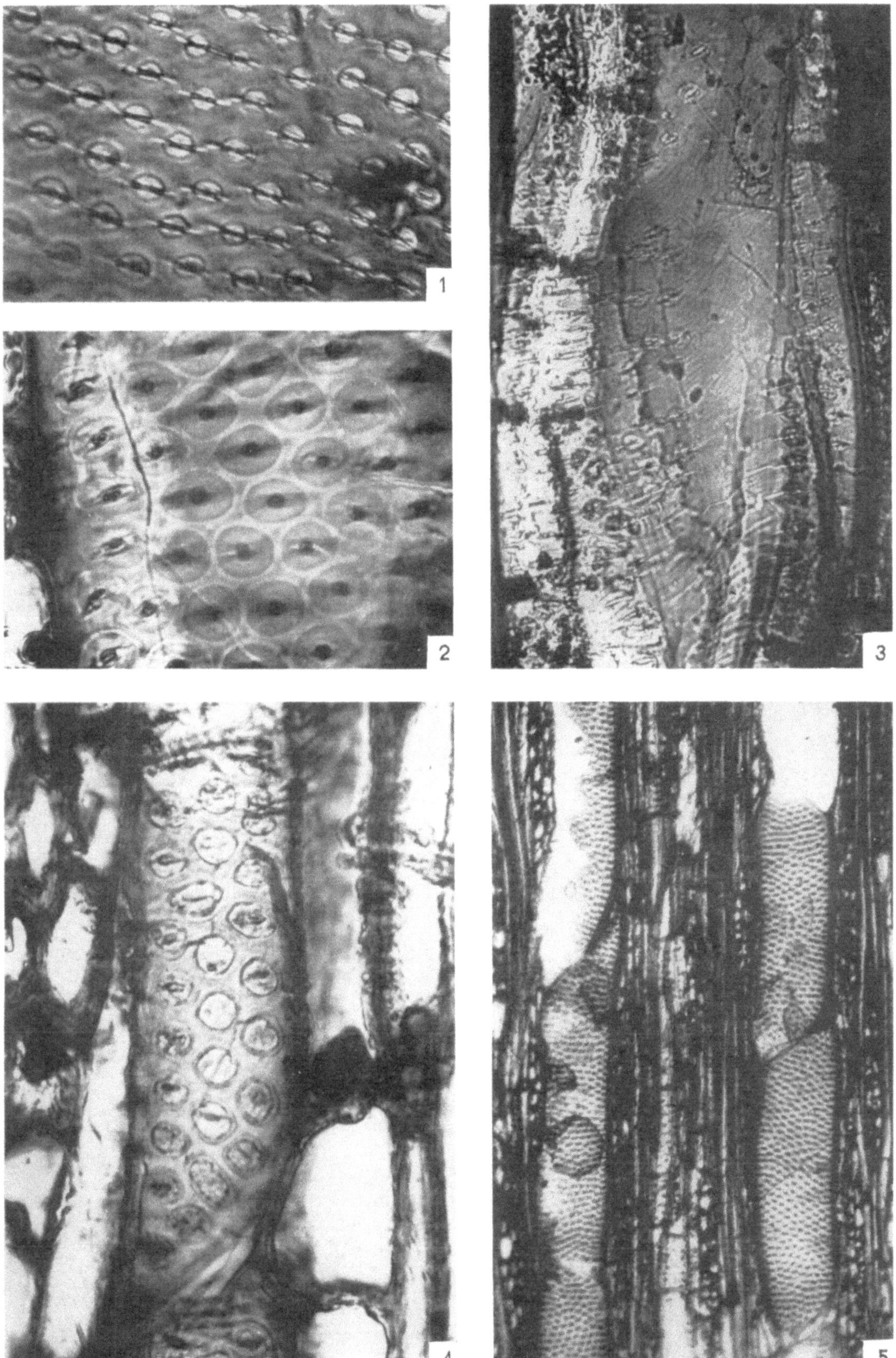
1
2
3
4
5

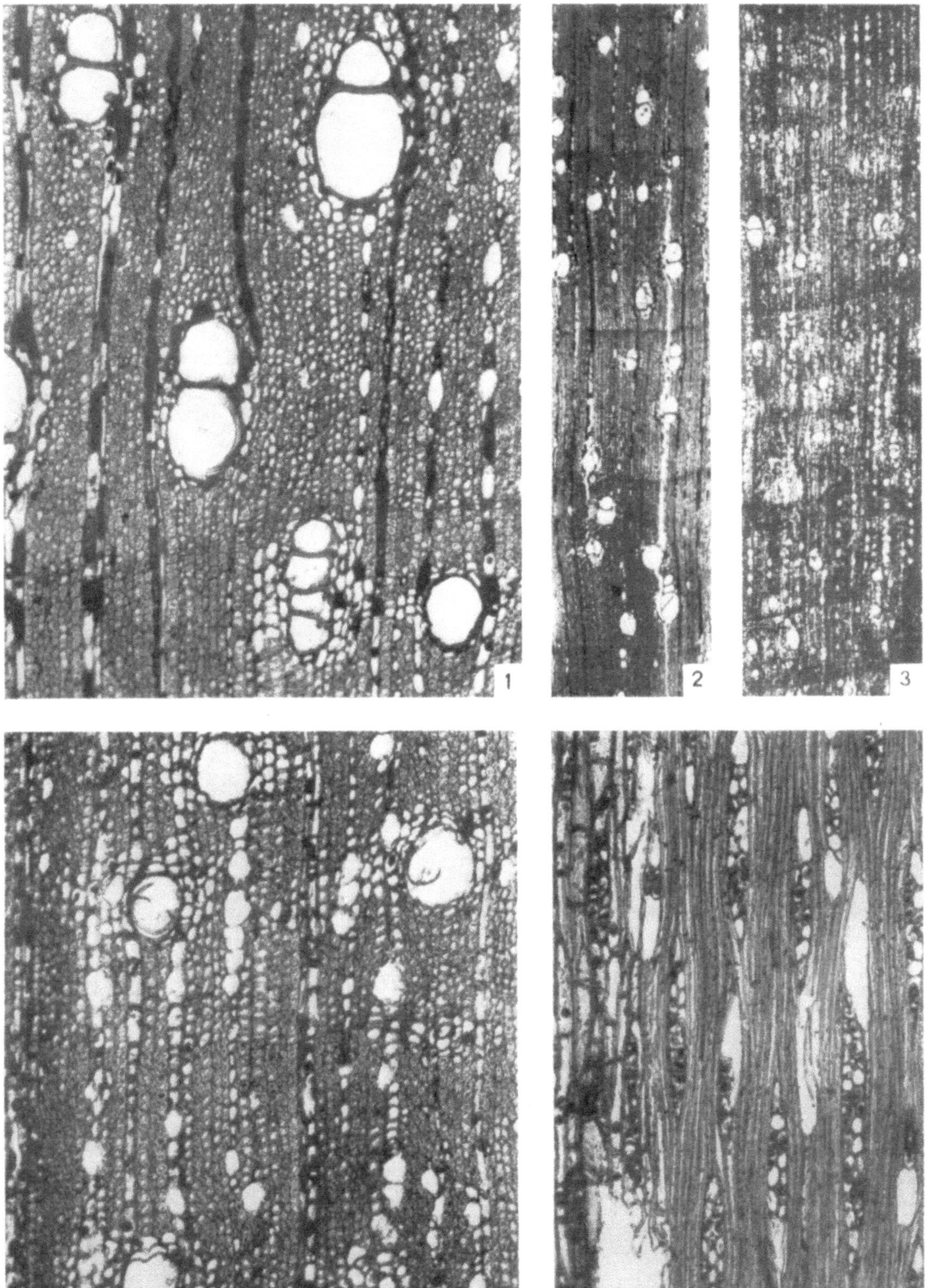
1
2
3
4
5

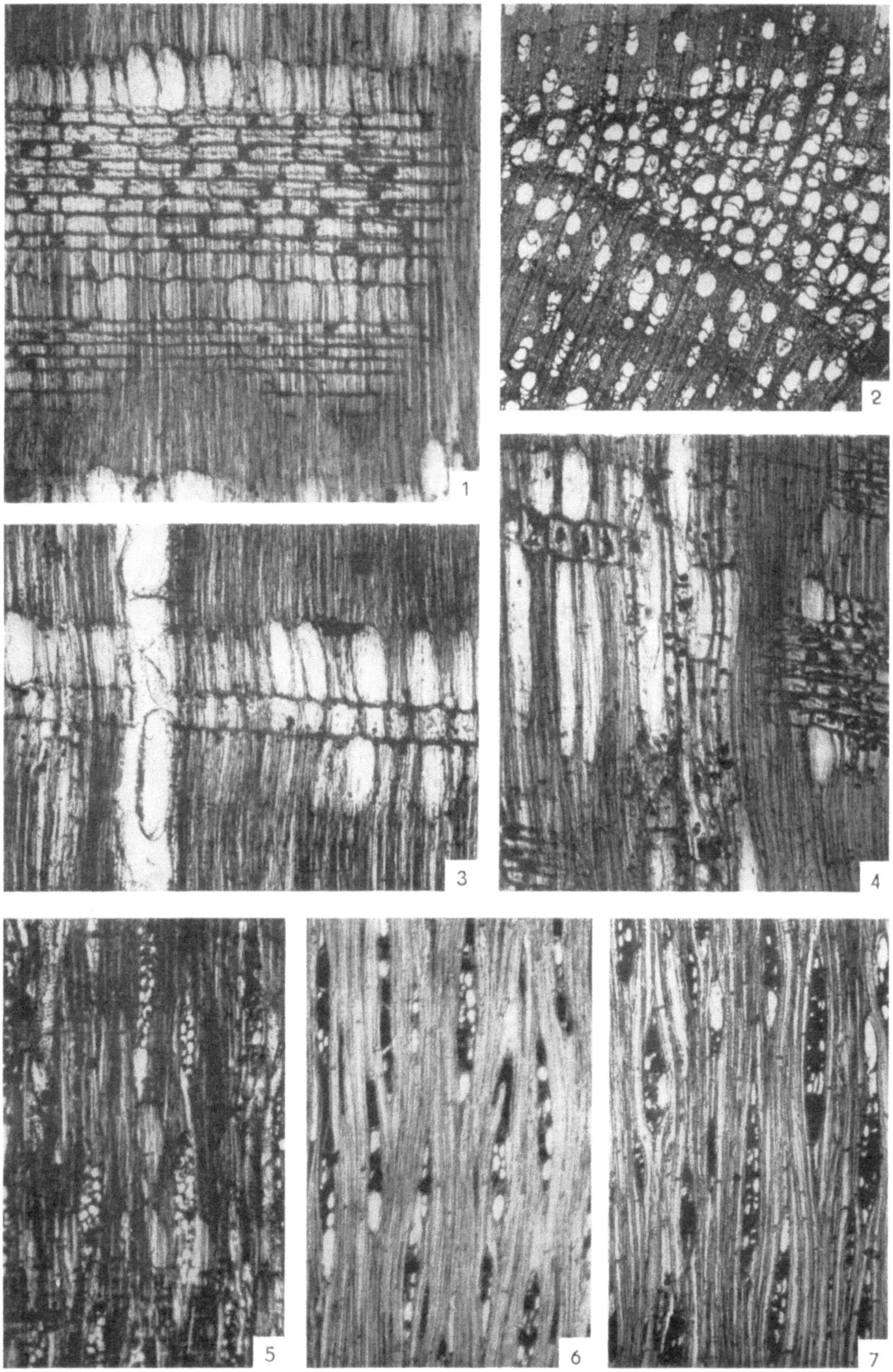
1
2
3
4
5
6
7

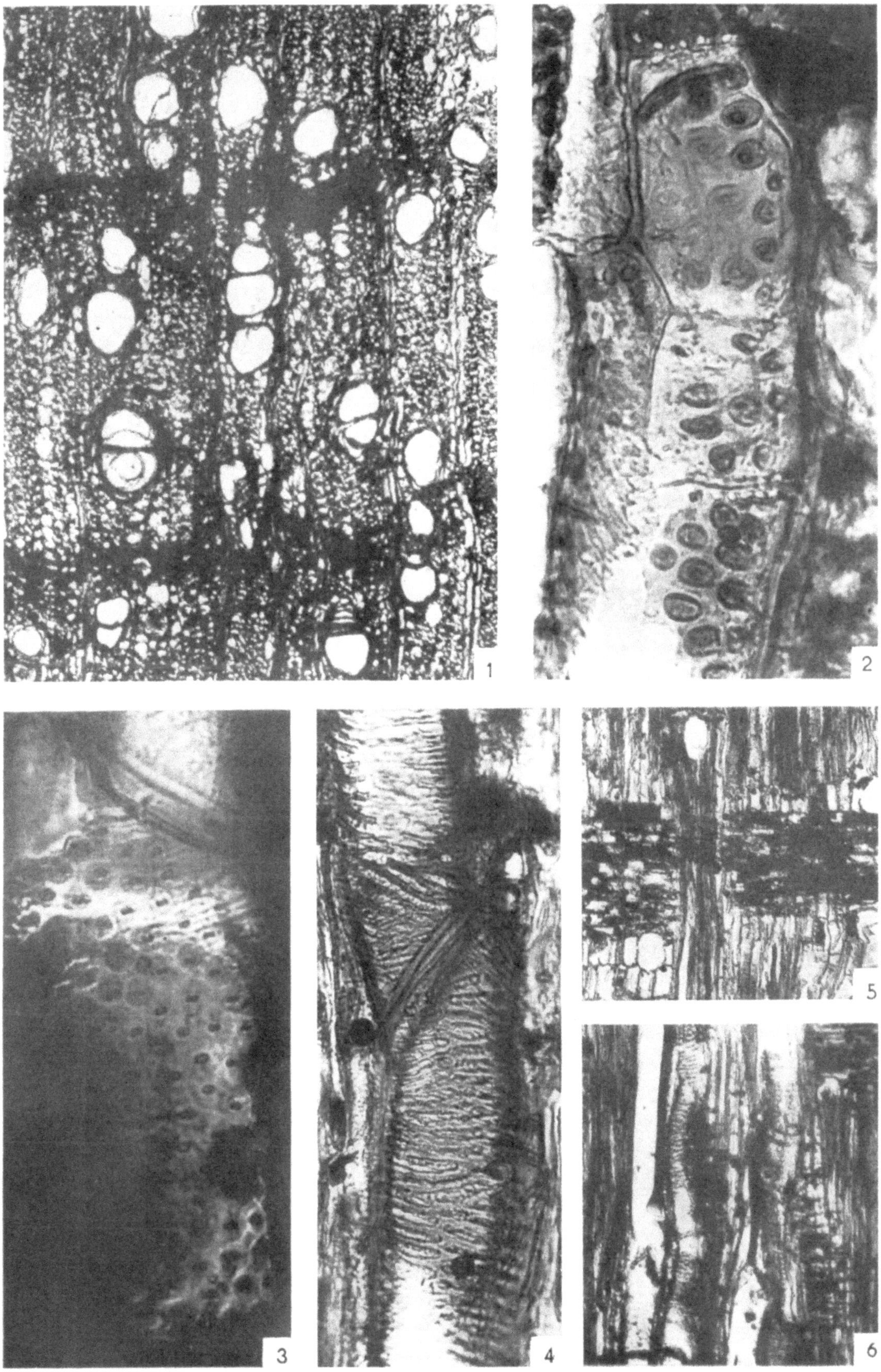
1
2
3
4
5
6

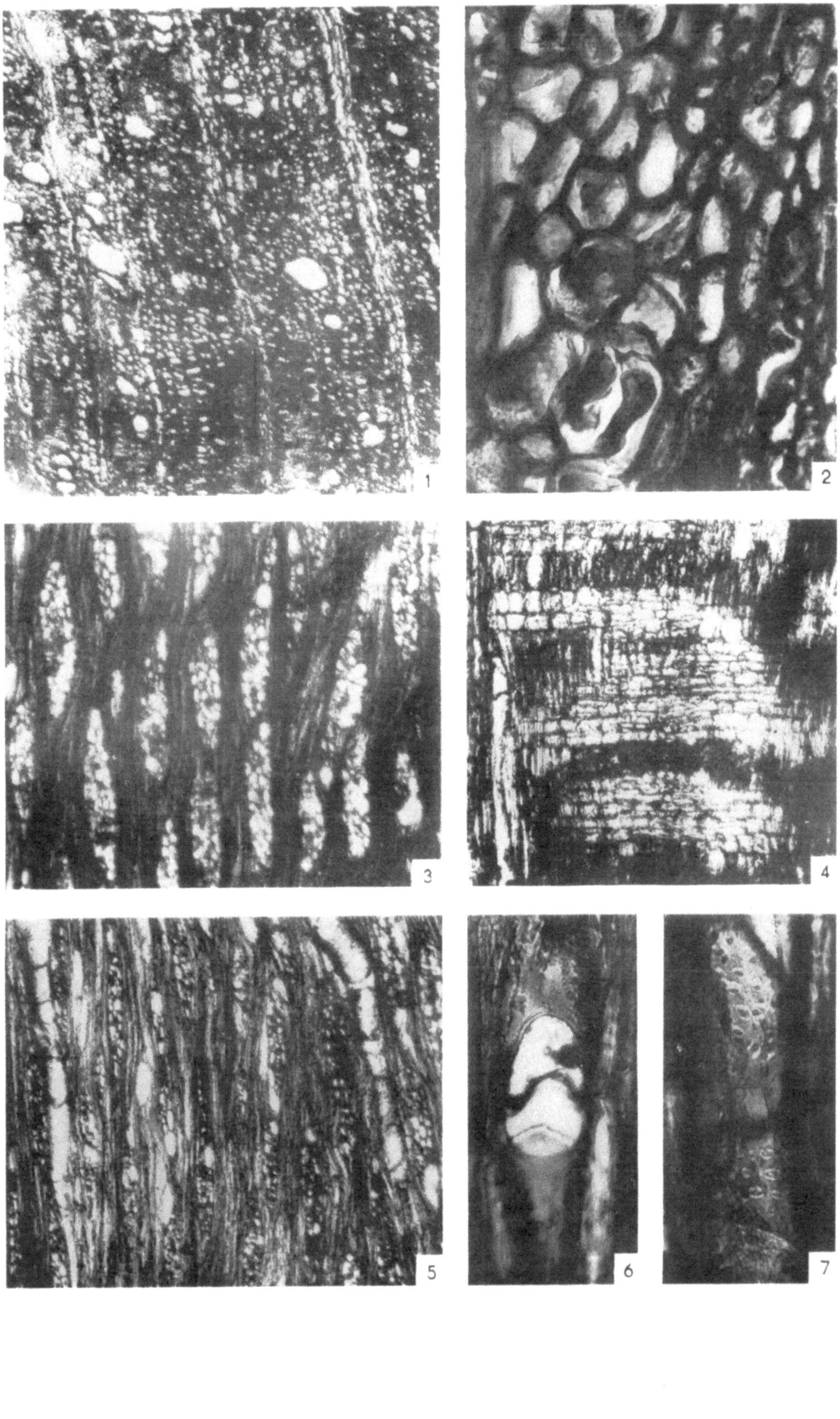